全国监理工程师职业资

建设工程监理案例分析
(土木建筑工程)
核心考点掌中宝

全国监理工程师职业资格考试核心考点掌中宝编写委员会　编写

中国建筑工业出版社

图书在版编目（CIP）数据

建设工程监理案例分析（土木建筑工程）核心考点掌中宝/全国监理工程师职业资格考试核心考点掌中宝编写委员会编写. —北京：中国建筑工业出版社，2021.3（2021.12重印）
全国监理工程师职业资格考试核心考点掌中宝
ISBN 978-7-112-25889-5

Ⅰ. ①建… Ⅱ. ①全… Ⅲ. ①土木工程-监理工作-案例-资格考试-自学参考资料 Ⅳ. ①TU712

中国版本图书馆 CIP 数据核字（2021）第 033335 号

全国监理工程师职业资格考试核心考点掌中宝
建设工程监理案例分析（土木建筑工程）核心考点掌中宝
全国监理工程师职业资格考试核心考点掌中宝编写委员会 编写

*

中国建筑工业出版社出版、发行（北京海淀三里河路 9 号）
各地新华书店、建筑书店经销
霸州市顺浩图文科技发展有限公司制版
北京建筑工业印刷厂印刷

*

开本：850 毫米×1168 毫米 1/32 印张：5¼ 字数：149 千字
2021 年 4 月第一版 2021 年 12 月第五次印刷
定价：**29.00** 元
ISBN 978-7-112-25889-5
（38211）

本书按照考试大纲要求编写，共分为三部分：第一部分为方法技巧篇，为考生说明如何备考监理工程师考试和答题技巧与方法；第二部分为考题采分篇，总结近几年考题的采分点，帮助考生掌握考试的重点；第三部分为核心考点篇，对历年来考试命题涉及的一些知识点进行科学的归纳，通过突出主干知识，形成网络的知识链，帮助考生建立完备的知识体系，使考生真正找到试题之源。

本书采用小开本印刷，方便随身携带，可充分利用碎片时间高效率的复习备考。

责任编辑：范业庶　张磊　王砾瑶
责任校对：李美娜

前　言

《全国监理工程师职业资格考试核心考点掌中宝》系列丛书由多位名师以考试大纲和考试指定用书为基础编写而成，目的是帮助考生在零散、有限的时间内能掌握考试的关键知识点，加深记忆，提高考试能力。本套丛书包括四分册，分别为《建设工程监理基本理论和相关法规核心考点掌中宝》《建设工程合同管理核心考点掌中宝》《建设工程目标控制（土木建筑工程）核心考点掌中宝》《建设工程监理案例分析（土木建筑工程）核心考点掌中宝》。

具体来讲，本系列丛书具有如下特点：

三部分讲解　每册图书均包括三部分，为方法技巧篇、考题采分篇和核心考点篇。方法技巧篇主要阐述如何备考监理工程师考试和答题技巧与方法；考题采分篇以表的方式体现近几年考题的采分点，这部分内容可以帮助考生掌握考试的重点；核心考点篇是对历年来考试命题涉及的一些知识点进行科学的归纳，通过突出主干知识，形成网络的知识链，帮助考生建立完备的知识体系，使考生真正找到试题之源。

考点归纳　本套丛书主要以历年真题知识点出现的频率及重要的考点程度进行了分级。由低到高分为★、★★、★★★三个级别，其中星级越高，代表出现相关考题的可能性越大。本套丛书还将教材中涉及原则、方法、依据、特点等易混淆的知识进行分类整理，指导考生梳理和归纳已学知识，有效形成基础知识的提高和升华。

图表结合　本套丛书主要以图表的方式来总结核心考点，详细归纳需要考生掌握的内容。

贴心提示　本套丛书将不是很好理解的内容做详细的分析，会告诉考生学习方法、记忆方法和解题技巧，也会提示考生要重点关注的知识点。

重点标记　本套丛书在易混淆、重点内容加注下划线，提示考生要特别注意，省却了考生勾画重点的精力。

携带方便　本套丛书采用小开本印刷，便于携带学习，可充分利用碎片时间高效率地完成备考工作。

巩固强化　本套丛书适合考生在平时的复习中对重要考点进行巩固记忆，又适合有一定基础的考生在串讲阶段和考前冲刺阶段强化记忆。

由于时间仓促，书中难免会存在不妥和不足之处，敬请读者批评指正。

增值服务

1. 免费答疑服务：专门为考生配备了专业答疑老师解答疑难问题，答疑 QQ 群：882742797、883462295（加群密码：助考服务）。

2. 考前全真模拟试卷：考前 10 天为考生提供免费临考全真模拟试卷一套。

3. 高频考点 5 页纸：考前两周为考生免费提供浓缩的高频考点。

4. 习题解答思路和方法：为考生提供备考指导、知识重点、难点解答技巧。

5. 重点题目解题技巧指导：对计算题、网络图、典型的案例分析题等的难度稍大一些题目，为考生提供解题方法、技巧，也会提供公式的轻松记忆方法。

6. 知识导图：免费为考生提供所有科目的知识导图，帮助考生理清所需学习的知识。

7. 配备助学导师：为每一科目配备专门的助学导师，在考生整个学习过程中提供全方位的助学帮助。

目　　录

第一篇　方法技巧篇

第二篇　考题采分篇

第三篇　核心考点篇

第一篇　　方法技巧篇

（一）如何备考监理工程师考试?

1. 准备好考试大纲和教材

监理工程师考试统一使用的考试大纲、教材在复习中起到很重要的作用。它会告诉你考题类型和题型趋势，所以一定要对教材和大纲进行认真的阅读以及认真完成习题。教材和大纲要反复阅读，仅仅看一遍是不能产生长久记忆的。如果有精力可以准备几本辅导书，增加自己的知识量。

2. 标记考试真题

将近几年的考试真题在教材中找到出处，并标记是哪一年的真题。当把近几年的真题全部标记好，你就会发现，有些题目很相似，或许是题干一样，或许题型一样，又或许数字一样。

3. 总结命题采分点

根据教材中标记的考试真题，统计各章节在历年考试中所占分值，可以更好地把握命题的规律，以及难易程度是如何分配的。

4. 全面熟读教材

要理解性的记住教材上的重点内容，特别是关键的字、词、句和相关数字性的规定。做到不仅心中明白，而且能够用专业术语在纸面上答题，达到考试的要求。

5. 重要考点突击

在对教材通读的基础上，考生应注意抓住重点内容进行复习，这些知识点在每年的考试中都会出现，只不过命题形式不同罢了。对于重要的知识要反复地记，做到烂熟于心，还要考虑一下这个知识点出现的不同的试题中要如何去作答，把这些要掌握的专业技术知识掌握得更加熟练，运用得更加灵活。

《全国监理工程师职业资格考试核心考点掌中宝》系列丛书，是非常适合在平时的复习中对重要考点进行巩固记忆，又适合有一定基础的考生在考前冲刺阶段强化记忆。在易混淆、重点内容下加注下划线，提示考生要特别注意，省却了考生勾画重点的精力，只要全身心投入记忆即可。本书还有一个特点就是便于考生携带，随翻随学，可利用各种场合的闲暇时间翻阅学习，在复习备考的有限时间内，充分利用本书，可以用最少的时间达到最佳的效果。

（二）答题技巧与方法

1. 单项选择题的答题技巧与方法

单项选择题每题 1 分，由题干和 4 个备选项组成，备选项中只有 1 个最符合题意，其余 3 个都是干扰项。如果选择正确，则得 1 分，否则不得分。单项选择题大部分来自考试用书中的基本概念、原理和方法，一般比较简单。如果考生对试题内容比较熟悉，可以直接从备选项中选出正确项，以节约时间。当无法直接选出正确选项时，可采用逻辑推理的方法进行判断选出正确选项，也可通过逐个排除不正确的干扰选项，最后选出正确选项。通过排除法仍不能确定正确项时，可以凭感觉进行猜测。当然，排除的备选项越多，猜中的概率就越大。单项选择题一定要作答，不要空缺。单项选择题必须保证正确率在 75%以上，实际上这一要求并不是很高。单项选择题解题方法和答题技巧一般有以下几种方法：

（1）直接选择法。即直接选出正确项，如果应考者对该考点比较熟悉，可采用此方法，以节约时间。

（2）间接选择法。即排除法，如正确答案不能直接马上看出，逐个排除不正确的干扰项，最后选出正确答案。

（3）感觉猜测法。通过排除法仍有 2 个或 3 个答案不能确定，甚至 4 个答案均不能排除，可以凭感觉随机猜测。一般来说，排除的答案越多，猜中的概率越高，千万不要空缺。

（4）比较选择法。命题者水平再高，有时为了凑答案，句子或用词不是那么专业化或显得又太专业化，通过对答案和题干进行研究、分析、比较可以找出一些陷阱，去除不合理选项，从而再应用排除法或猜测法选定答案。

2. 多项选择题的答题技巧与方法

多项选择题每题 2 分，由题干和 5 个备选项组成，备选项中至少有 2 个、最多有 4 个最符合题意，至少有 1 个是干扰项。因此，正确选项可能是 2 个、3 个或 4 个。如果全部选择正确，则得 2 分；只要有 1 个备选项选择错误，该题不得分。如果答案中没有错误选项，但未全部选出正确选项时，选择的每 1 个选项得 0.5 分。多项选择题的作答有一定难度，考生考试成绩的高低及能否通过考试科目，在很大程度上取决于多项选择题的得分。考生在作答多项选择题时首先选择有把握的正确选项，对没有把握的备选项最好不选，除非有绝对选择正确的把握，最好不要选 4 个答案是正确的。当对所有备选项均没有把握时，可以采用猜测法选择 1 个备选项，得 0.5 分总比不得分强。多项选择题中至少应该有 30%的题考生是可以完全正确选择的，这就是说可以得到多项选择题的 30%的分值，如果其他 70%的多项选择题，每题选择 2 个正确答案，那么考生又可以得到多项选择题的 35%的分值，这样就可以稳妥地过关。

多项选择题的解题方法也可采用直接选择法、排除法、比较法和逻辑推理法，但一定要慎用感觉猜测法。应考者做多项选择题时，要十分慎重，对正确选项有把握的，可以先选；对没有把握的选项最好不选。

3. 案例分析题的答题技巧与方法

案例分析题的目的是综合考核考生对有关的基本内容、基本概念、基本原理、基本原则和基本方法的掌握程度以及检验考生灵活应用所学知识解决工作实际问题的能力。案例分析题解答时应注意以下几点：

（1）首先要详细阅读案例分析题的背景材料，建议阅读两遍，理清背景材料中的各种关系和相关条件，抓住关键词和要点。

（2）看清楚问题的内容，充分利用背景材料中的条件，确定解答该问题所需运用的知识内容，注意有问必答，答为所问，不要“画蛇添足”。

（3）看清楚有几个问题，不要漏答，每一个问号都是一个采分点，要分别回答，不能漏答，否则要失分。

（4）答题要有层次，解答紧扣题意，有问必答，不问不答，一问一答，一般来说，四五个问题之间的关联性小，但每个问题的若干小问有关联。

（5）字体要端正，易得印象分。

（6）案例分析题的答题位置要正确。

第二篇　考题采分篇

（一）建设工程监理概论

近 11 年考试真题采分点分布

考点	近 11 年考查情况/分										
	2011 年	2012 年	2013 年	2014 年	2015 年	2016 年	2017 年	2018 年	2019 年	2020 年	2021 年
	案例分析题										
建设工程监理招标和投标				7						6	
建设工程监理合同管理				2							
建设工程监理组织	13	6	6	4.5	6	9	6.5	6		4	4
监理规划和监理实施细则		2		18	5		6	5	10	4	4
建设工程目标控制内容和主要方式		10		5	3	5	9	6	10		4
建设工程安全生产管理的监理工作				7	6	6	10				
建设工程监理文件资料管理	4	5	4		2	7		5	4	6	
建设工程风险管理	6	7				5				6	

（二）建设工程合同管理

近 11 年考试真题采分点分布

考点	近 11 年考查情况/分										
	2011 年	2012 年	2013 年	2014 年	2015 年	2016 年	2017 年	2018 年	2019 年	2020 年	2021 年
	案例分析题										
建设工程施工招标									6		
建设工程施工合同履行管理	3			6			10.5		8		
工程变更、索赔管理		11	10	16	11.5	12	10	6	8	18	5
设备采购合同履行管理								4			

（三）建设工程质量控制

近 11 年考试真题采分点分布

考点	近 11 年考查情况/分										
	2011 年	2012 年	2013 年	2014 年	2015 年	2016 年	2017 年	2018 年	2019 年	2020 年	2021 年
	案例分析题										
工程参建各方质量责任和义务			6	5	2.5	10	7.5	4	4		
施工阶段质量控制	6	14	8	13	23	12	17	22	4	3	10

考点	近 11 年考查情况/分										
	2011 年	2012 年	2013 年	2014 年	2015 年	2016 年	2017 年	2018 年	2019 年	2020 年	2021 年
	案例分析题										
工程质量缺陷和事故处理	5	5	4		8		3.5	2			
工程施工质量验收				7		6		2			5
工程质量试验检测方法					6	4					
工程质量统计分析方法应用	6	6						4			

（四）建设工程投资控制

近 11 年考试真题采分点分布

考点	近 11 年考查情况/分										
	2011 年	2012 年	2013 年	2014 年	2015 年	2016 年	2017 年	2018 年	2019 年	2020 年	2021 年
	案例分析题										
建筑安装工程费用项目组成及计算						6	4				
合同价款确定和调整	4	8	10		12	12	5	12	17		
合同价款支付、竣工结算	16	4	7	16	8		9	8	3	8	
投资偏差分析						4					

（五）建设工程进度控制

近 11 年考试真题采分点分布

考点	近 11 年考查情况/分										
	2011 年	2012 年	2013 年	2014 年	2015 年	2016 年	2017 年	2018 年	2019 年	2020 年	2021 年
	案例分析题										
流水施工进度计划											5
关键线路和关键工作确定	2		4		1	2	2	2	2		1
网络计划中时差分析和利用	2					4			5		9
网络计划工期优化及计划调整	5	3	8				6			6	
双代号时标网络计划应用		5		4	6		4	2	5		
实际进度与计划进度比较方法								4		4	
工程延期时间确定	7	5	4					10			

（六）建设工程相关法律法规及示范文本

近 11 年考试真题采分点分布

考点	近 11 年考查情况/分										
	2011 年	2012 年	2013 年	2014 年	2015 年	2016 年	2017 年	2018 年	2019 年	2020 年	2021 年
	案例分析题										
《建筑法》		2	4					3			

考点	近 11 年考查情况/分										
	2011 年	2012 年	2013 年	2014 年	2015 年	2016 年	2017 年	2018 年	2019 年	2020 年	2021 年
	案例分析题										
《招标投标法》	4		7	5	4.5	6	10	3	4	6	
《建设工程质量管理条例》			4			6			10		
《建设工程安全生产管理条例》	16	7	10								
《生产安全事故报告和调查处理条例》					1					5	
《招标投标法实施条例》	6							4	2	8	
《危险性较大的分部分项工程安全管理规定》										15	
《建设工程监理规范》	4	20	13	4.5	8.5			8	8	14	6
《建设工程监理合同(示范文本)》						4			5		
《建设工程施工合同(示范文本)》	11		11						5	7	

第三篇　核心考点篇

第一章　建设工程监理理论

第一节　建设工程监理招标投标和合同管理

核心考点1　建设工程监理招标方式（必考指数★）

招标方式	公开招标	邀请招标
优点	可使建设单位有较大的选择范围，可在众多投标人中选择经验丰富、信誉良好、价格合理的工程监理单位，能够降低串标、围标、抬标和其他不正当交易的可能性	节约费用；缩短时间
缺点	准备招标、资格预审和评标的工作量大；招标时间长；招标费用较高	因限制了竞争范围，选择投标人的范围和投标人竞争的空间有限，可能会失去技术和报价方面有竞争力的投标者，失去理想中标人
招标方式的选择	《招标投标法实施条例》第八条规定，国有资金占控股或者主导地位的依法必须进行招标的项目，应当公开招标；但有下列情形之一的，可以邀请招标： （1）技术复杂、有特殊要求或者受自然环境限制，只有少量潜在投标人可供选择； （2）采用公开招标方式的费用占项目合同金额的比例过大。 有前款第二项所列情形，属于本条例第七条规定的项目，由项目审批、核准部门在审批、核准项目时作出认定；其他项目由招标人申请有关行政监督部门作出认定	
可以不招标的项目	《招标投标法实施条例》第九条规定，除招标投标法第六十六条规定的可以不进行招标的特殊情况外，有下列情形之一的，可以不进行招标： （1）需要采用不可替代的专利或者专有技术； （2）采购人依法能够自行建设、生产或者提供； （3）已通过招标方式选定的特许经营项目投资人依法能够自行建设、生产或者提供； （4）需要向原中标人采购工程、货物或者服务，否则将影响施工或者功能配套要求； （5）国家规定的其他特殊情形。 招标人为适用前款规定弄虚作假的，属于招标投标法第四条规定的规避招标	

重点提示：

在监理案例分析考试中，在考查工程监理招标方式时，在背景中会给出某项目的招标方式，要求考生判断该招标方式是否正确，并写出理由。

核心考点 2　建设工程监理招标程序（必考指数★★）

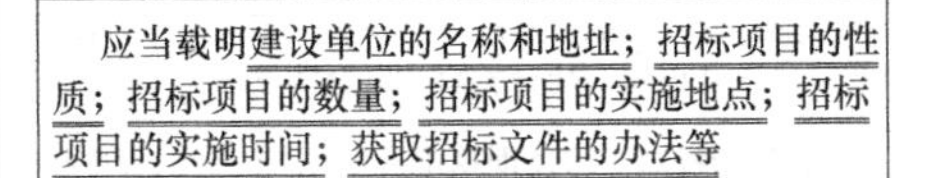

招标文件组成：招标公告(投标邀请书)；投标人须知；评标办法；合同条款及格式；委托人要求；投标文件格式

招标准备→发出 招标公告或投标邀请书 →组织资格审查→编制和发售 招标文件 →组织现场踏勘→召开投标预备会→编制和递交投标文件→开标、评标和定标→ 签订建设工程监理合同 → 自发出中标通知书之日起30日内签订工程监理合同

重点提示：

监理招标程序单纯考核概率较小，一般与招标投标法规结合在一起进行考核，涉及的法规主要是《招标投标法实施条例》《招标投标法实施条例》《评标委员会和评标方法暂行规定》。

本考点主要考核的题型：（1）程序挑错题；（2）做法挑错题；（3）时间挑错题。

核心考点 3　建设工程监理评标内容、方法（必考指数★★）

项目	内　　容
评标内容【考查过改错题】	工程监理单位的基本素**质**、工程监理**人**员配备、建设工程监理大**纲**、试**验**检测仪器设备及其应用能力、建设工程监理费用**报**价**【助记：人质纲报验】**
评标方法	通常采用“综合评估法”

核心考点4　建设工程监理投标工作内容（必考指数★★）

<table>
<tr><td colspan="2">内容包括投标决策、投标策划、投标文件编制、参加开标及答辩、投标后评估等（五步骤）</td></tr>
<tr><td>投标决策</td><td>常用的投标决策定量分析方法有综合评价法和决策树法。
（1）综合评价法：该法可用于工程监理单位对多个类似工程监理投标机会选择，综合评价分值最高者将作为优先投标对象。投标决策定量分析采用综合评价法的程序如下图所示。
①确定影响投标的评价指标——考虑的指标一般有总监理工程师能力、监理团队配置、技术水平、合同支付条件、同类工程经验、可支配的资源条件、竞争对手数量和实力、竞争对手投标积极性、项目利润、社会影响、风险情况等
↓
②确定各项评价指标权重——上述各项指标对工程监理单位参加投标的影响程度是不同的。各项指标权重为W_i，各W_i之和应当等于1
↓
③各项评价指标评分——衡量各项评价指标水平，可划分为好、较好、一般、较差、差五个等级，各等级赋予定量数值u，如可按1.0、0.8、0.6、0.4、0.2进行打分
↓
④计算综合评价总分——将各项评价指标权重与等级评分相乘后累加，即可求出建设工程监理投标机会总分
↓
⑤决定是否投标——将建设工程监理投标机会总分与过去其他投标情况进行比较或者与工程监理单位事先确定的可接受的最低分数相比较，决定是否参加投标
（2）决策树法：收到多个不同或类似建设工程监理投标邀请书，不考虑竞争对手的情况、根据自身实力决定是否投标及如何报价，可以应用决策树法进行定量分析</td></tr>
<tr><td>投标文件编制</td><td>投标文件的核心是反映监理服务水平高低的监理大纲。监理大纲主要内容包括：工程概述、监理依据和监理工作内容、建设工程监理实施方案、建设工程监理难点、重点及合理化建议</td></tr>
</table>

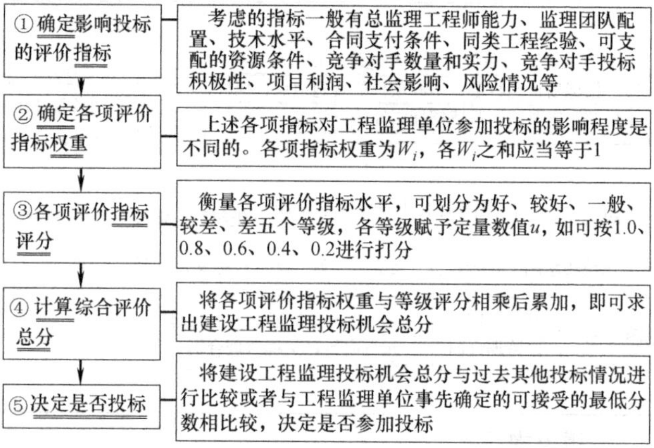

核心考点5　监理人的义务（必考指数★★★）

<table>
<tr><td colspan="2">《建设工程监理合同（示范文本）》GF—2012—0202中通用条件2.1.2</td></tr>
<tr><td>（1）</td><td>收到工程设计文件后编制监理规划，并在第一次工地会议7天前报委托人。根据有关规定和监理工作需要，编制监理实施细则</td></tr>
<tr><td>（2）</td><td>熟悉工程设计文件，并参加由委托人主持的图纸会审和设计交底会议</td></tr>
<tr><td>（3）</td><td>参加由委托人主持的第一次工地会议；主持监理例会并根据工程需要主持或参加专题会议</td></tr>
</table>

(4)	审查施工承包人提交的施工组织设计，重点审查其中的质量安全技术措施、专项施工方案与工程建设强制性标准的符合性
(5)	检查施工承包人工程质量、安全生产管理制度及组织机构和人员资格
(6)	检查施工承包人专职安全生产管理人员的配备情况
(7)	审查施工承包人提交的施工进度计划，核查承包人对施工进度计划的调整
(8)	检查施工承包人的试验室
(9)	审核施工分包人资质条件
(10)	查验施工承包人的施工测量放线成果
(11)	审查工程开工条件，对条件具备的签发开工令
(12)	审查施工承包人报送的工程材料、构配件、设备质量证明文件的有效性和符合性，并按规定对用于工程的材料采取平行检验或见证取样方式进行抽检
(13)	审核施工承包人提交的工程款支付申请，签发或出具工程款支付证书，并报委托人审核、批准
(14)	在巡视、旁站和检验过程中，发现工程质量、施工安全存在事故隐患的，要求施工承包人整改并报委托人
(15)	经委托人同意，签发工程暂停令和复工令
(16)	审查施工承包人提交的采用新材料、新工艺、新技术、新设备的论证材料及相关验收标准
(17)	验收隐蔽工程、分部分项工程
(18)	审查施工承包人提交的工程变更申请，协调处理施工进度调整、费用索赔、合同争议等事项
(19)	审查施工承包人提交的竣工验收申请，编写工程质量评估报告
(20)	参加工程竣工验收，签署竣工验收意见
(21)	审查施工承包人提交的竣工结算申请并报委托人
(22)	编制、整理工程监理归档文件并报委托人

考核形式小结：

（1）简答题：监理人的义务包括哪些？

（2）挑错题：在背景资料中提出一些监理工作，然后考生判断正误。

核心考点 6　项目监理机构人员的更换及其他规定（必考指数★★）

《建设工程监理规范》GB/T 50319—2013	
3.1.4	工程监理单位调换总监理工程师，应征得建设单位书面同意；调换专业监理工程师时，总监理工程师应书面通知建设单位。委托人可要求监理人更换不能胜任本职工作的项目监理机构人员。项目监理机构有权要求施工承包人及其他合同当事人调换其不能胜任本职工作的人员
3.1.5	一名注册监理工程师可担任一项建设工程监理合同的总监理工程师。当需要同时担任多项建设工程监理合同的总监理工程师时，应经建设单位书面同意，且最多不得超过三项
3.1.6	在施工现场监理工作全部完成或建设工程监理合同终止时，项目监理机构可撤离施工现场

核心考点 7　委托人的义务（必考指数★★）

《建设工程监理合同（示范文本）》GF—2012—0202 通用条件 3.1～3.7	
3.1	告知：委托人应在委托人与承包人签订的合同中明确监理人、总监理工程师和授予项目监理机构的权限。如有变更，应及时通知承包人
3.2	提供资料：委托人应按照附录 B 约定，无偿向监理人提供工程有关的资料。在本合同履行过程中，委托人应及时向监理人提供最新的与工程有关的资料
3.3	提供工作条件：委托人应按照附录 B 约定，派遣相应的人员，提供房屋、设备，供监理人无偿使用。委托人应负责协调工程建设中所有外部关系，为监理人履行本合同提供必要的外部条件
3.4	委托人代表：委托人应授权一名熟悉工程情况的代表，负责与监理人联系。委托人应在双方签订本合同后 7 天内，将委托人代表的姓名和职责书面告知监理人。当委托人更换委托人代表时，应提前 7 天通知监理人
3.5	委托人意见或要求：在本合同约定的监理与相关服务工作范围内，委托人对承包人的任何意见或要求应通知监理人，由监理人向承包人发出相应指令
3.6	答复：委托人应在专用条件约定的时间内，对监理人以书面形式提交并要求作出决定的事宜，给予书面答复。逾期未答复的，视为委托人认可
3.7	支付：委托人应按本合同约定，向监理人支付酬金

核心考点 8　违约责任、工程监理合同变更（必考指数★★）

<table>
<tr><td colspan="3">《建设工程监理合同(示范文本)》GF—2012—0202 通用条件 4.1～4.3、专用条件 4.1、6.2</td></tr>
<tr><td rowspan="3">违约责任</td><td>监理人的违约责任</td><td>监理人的违约责任。包括:违反合同约定造成的损失赔偿、索赔不成立时的费用补偿。监理人赔偿金额按下列方法确定:赔偿金＝直接经济损失×正常工作酬金÷工程概算投资额(或建筑安装工程费)</td></tr>
<tr><td>委托人的违约责任</td><td>委托人的违约责任。包括:违反合同约定造成的损失赔偿、索赔不成立时的费用补偿、逾期支付补偿(逾期付款利息应按专用条件约定的方法计算,逾期付款利息＝当期应付款总额×银行同期贷款利率×拖延支付天数,注意:拖延支付天数应从应支付日算起)</td></tr>
<tr><td>除外责任</td><td>包括:因非监理人的原因、因不可抗力原因</td></tr>
<tr><td colspan="2">工程监理合同变更</td><td>(1)建设工程监理合同履行期限延长、工作内容增加。增加的监理工作时间、工作内容应视为附加工作。附加工作酬金应按下式计算:
附加工作酬金＝合同期限延长时间(天)×正常工作酬金÷协议书约定的监理与相关服务期限(天)
(2)建设工程监理合同暂停履行、终止后的善后服务工作及恢复服务的准备工作。合同生效后,如果实际情况发生变化使得监理人不能完成全部或部分工作时,监理人应立即通知委托人。除不可抗力外,其善后工作以及恢复服务的准备工作应为附加工作,附加工作酬金的确定方法在专用条件中约定。监理人用于恢复服务的准备时间不应超过 28 天。附加工作酬金按下式计算:
附加工作酬金＝善后工作及恢复服务的准备工作时间(天)×正常工作酬金÷协议书约定的监理与相关服务期限(天)
(3)相关法律法规、标准颁布或修订引起的变更。
(4)工程投资额或建筑安装工程费增加引起的变更。因非监理人原因造成工程投资额或建筑安装工程费增加时,正常工作酬金应作相应调整。调整额按下式计算:
正常工作酬金增加额＝工程投资额或建筑安装工程费增加额×正常工作酬金÷工程概算投资额(或建筑安装工程费)
(5)因工程规模、监理范围的变化导致监理人的正常工作量的减少。减少正常工作酬金的基本原则:按减少工作量的比例从协议书约定的正常工作酬金中扣减相同比例的酬金</td></tr>
</table>

第二节　建设工程监理组织

核心考点 1　平行承包模式下工程监理委托方式（必考指数★★）

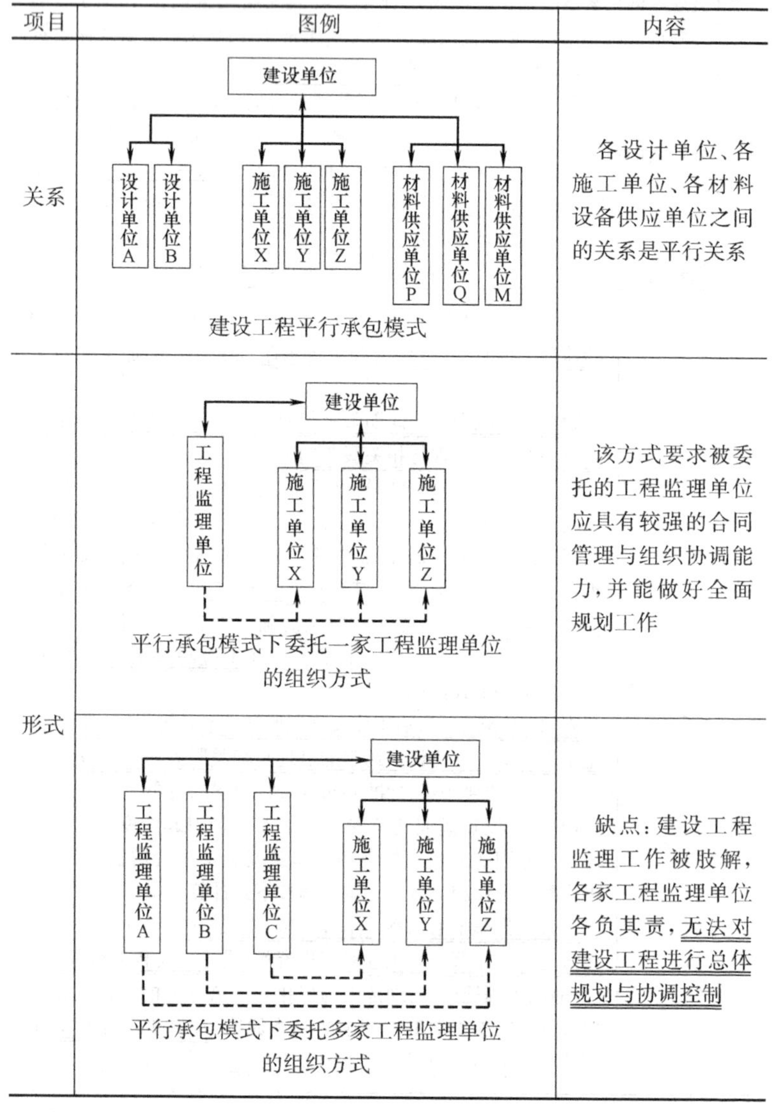

项目	图例	内容
关系	建设工程平行承包模式	各设计单位、各施工单位、各材料设备供应单位之间的关系是平行关系
形式	平行承包模式下委托一家工程监理单位的组织方式	该方式要求被委托的工程监理单位应具有较强的合同管理与组织协调能力，并能做好全面规划工作
	平行承包模式下委托多家工程监理单位的组织方式	缺点：建设工程监理工作被肢解，各家工程监理单位各负其责，无法对建设工程进行总体规划与协调控制

<table>
<tr><th>项目</th><th>图例</th><th>内容</th></tr>
<tr><td>形式</td><td>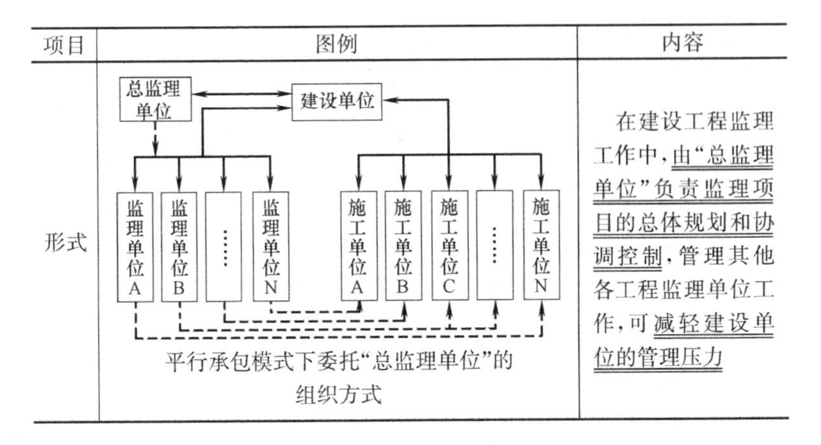

平行承包模式下委托“总监理单位”的组织方式</td><td>在建设工程监理工作中，由“总监理单位”负责监理项目的总体规划和协调控制，管理其他各工程监理单位工作，可减轻建设单位的管理压力</td></tr>
</table>

核心考点 2　施工总承包模式下、工程总承包模式下建设工程监理委托方式（必考指数★★）

<table>
<tr><th>施工总承包模式下建设工程监理委托方式</th><th>工程总承包模式下建设工程监理委托方式</th></tr>
<tr><td>在施工总承包模式下，建设单位宜委托一家工程监理单位实施监理
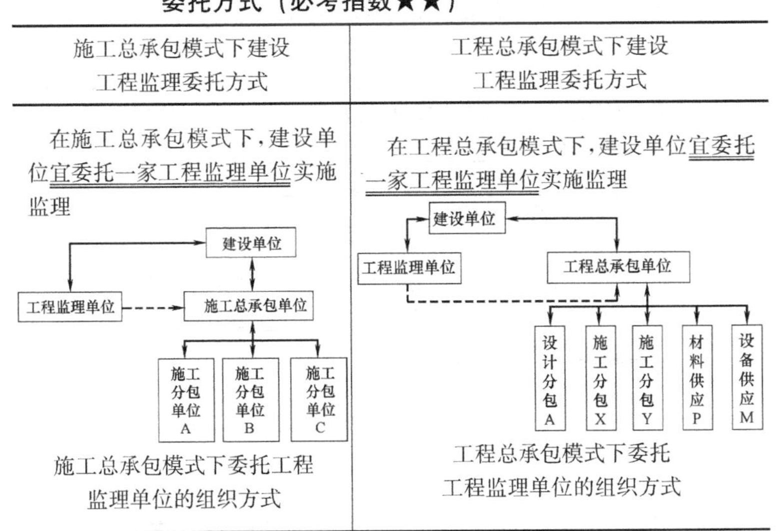

施工总承包模式下委托工程监理单位的组织方式</td><td>在工程总承包模式下，建设单位宜委托一家工程监理单位实施监理

工程总承包模式下委托工程监理单位的组织方式</td></tr>
</table>

核心考点 3　工程监理实施程序（必考指数★）

组建项目监理机构→收集建设工程监理有关资料→编制监理规划及监理实施细则→规范化地开展监理工作→参与工程竣工验收→向建设单位提交建设工程监理文件资料→进行监理工作总结。**【助记：租收边开工提监】**

核心考点 4　项目监理机构的设立（必考指数★★）

<table>
<tr><th>项目</th><th>内容</th></tr>
<tr><td>机构监理人员组成</td><td>项目监理机构的监理人员应由一名总监理工程师、若干名专业监理工程师和监理员组成，且专业配套，数量应满足监理工作和建设工程监理合同对监理工作深度及建设工程监理目标控制的要求，必要时可设总监理工程师代表

还有可能涉及《建设工程监理规范》的规定：
（1）总监理工程师：
2.0.6　总监理工程师是指由工程监理单位法定代表人书面任命，负责履行建设工程监理合同、主持项目监理机构工作的注册监理工程师。总监理工程师应由注册监理工程师担任。
3.1.5　一名监理工程师可担任一项建设工程监理合同的总监理工程师。当需要同时担任多项建设工程监理合同的总监理工程师时，应经建设单位书面同意，且最多不得超过三项。
（2）总监理工程师代表
2.0.7　总监理工程师代表是指经工程监理单位法定代表人同意，由总监理工程师书面授权，代表总监理工程师行使其部分职责和权力，具有工程类注册执业资格或具有中级及以上专业技术职称、3 年及以上工程实践经验并经监理业务培训的人员。
（3）专业监理工程师
2.0.8　专业监理工程师由总监理工程师授权，负责实施某一专业或某一岗位的监理工作，有相应监理文件签发权，具有工程类注册执业资格或具有中级及以上专业技术职称、2 年及以上工程实践经验并经监理业务培训的人员。
（4）监理员
2.0.9　从事具体监理工作，具有中专及以上学历并经过监理业务培训的人员。</td></tr>
<tr><td>设立步骤</td><td>确定项目监理机构目标→确定监理工作内容→项目监理机构组织结构设计（包括选择组织结构形式、合理确定管理层次与管理跨度、划分项目监理机构部门、制定岗位职责及考核标准、选派监理人员）→制定工作流程和信息流程**【助记：四定原则，即定目标、定内容、定结构、定流程】**

考核形式小结：
可以考查补充题、简答题、挑错题（程序挑错）。</td></tr>
</table>

核心考点 5　直线制组织形式（必考指数★★★）

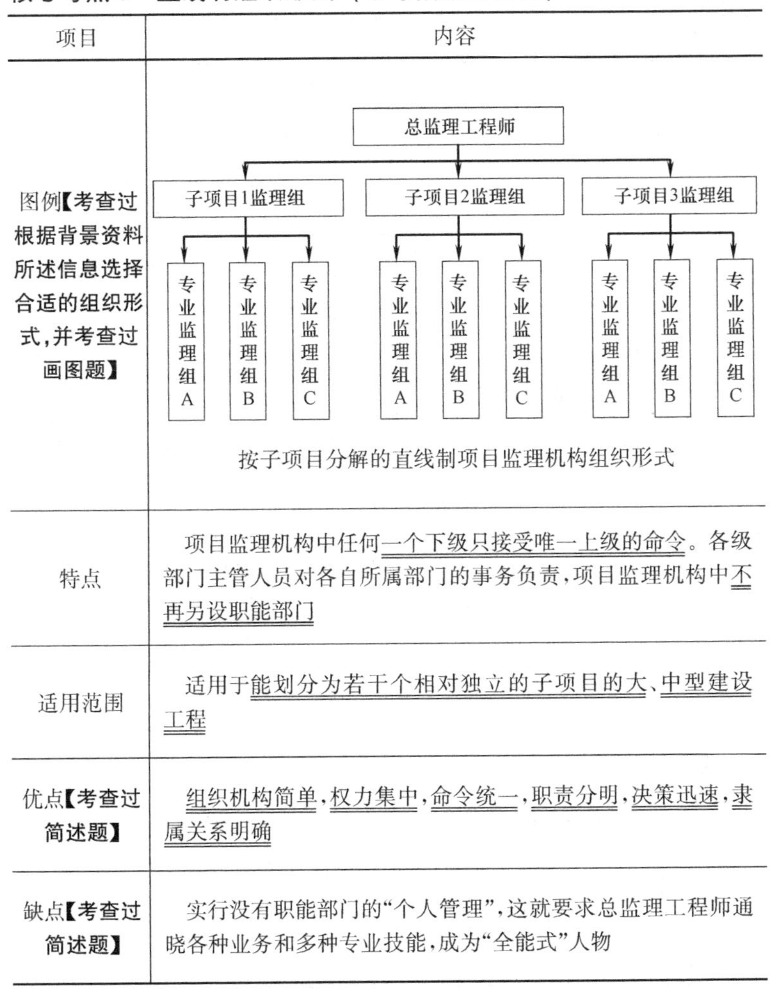

项目	内容
图例【考查过根据背景资料所述信息选择合适的组织形式，并考查过画图题】	按子项目分解的直线制项目监理机构组织形式
特点	项目监理机构中任何一个下级只接受唯一上级的命令。各级部门主管人员对各自所属部门的事务负责，项目监理机构中不再另设职能部门
适用范围	适用于能划分为若干个相对独立的子项目的大、中型建设工程
优点【考查过简述题】	组织机构简单，权力集中，命令统一，职责分明，决策迅速，隶属关系明确
缺点【考查过简述题】	实行没有职能部门的“个人管理”，这就要求总监理工程师通晓各种业务和多种专业技能，成为“全能式”人物

小结：

直线制区别于其他结构组织形式的关键是直线制无职能部门，而职能部门是否有对直线部门发布指令是区别职能制和直线职能制的关键。

核心考点 6　职能制组织形式（必考指数★★）

项目	内容
图例【重点考查内容】	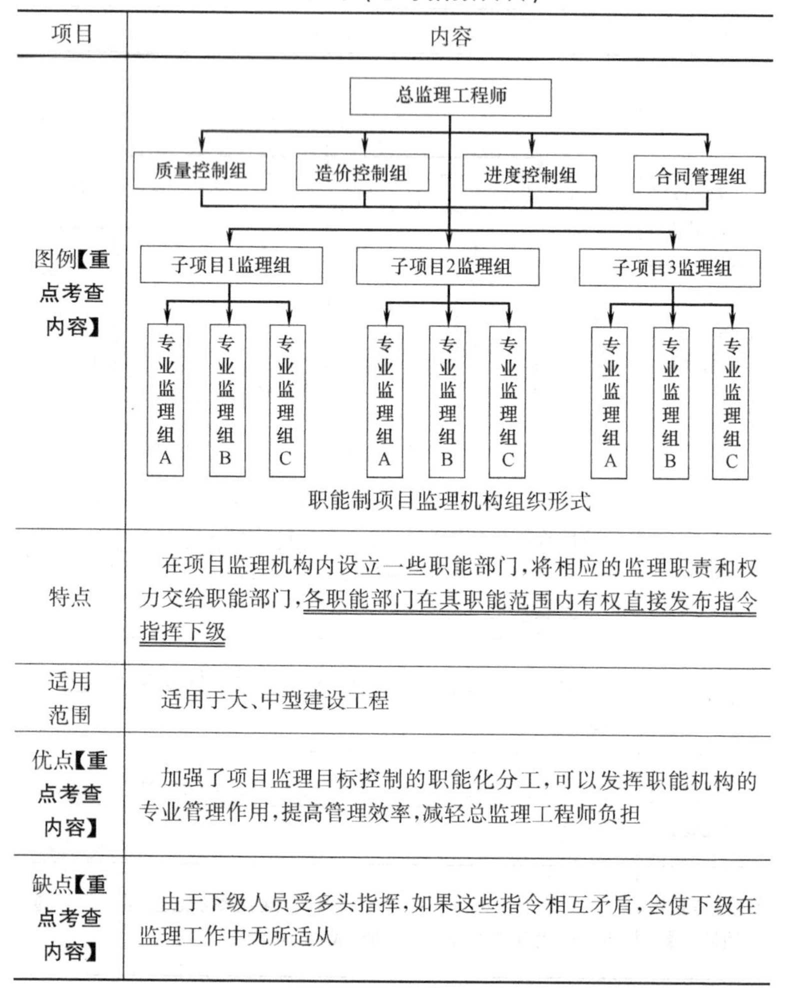 职能制项目监理机构组织形式
特点	在项目监理机构内设立一些职能部门，将相应的监理职责和权力交给职能部门，各职能部门在其职能范围内有权直接发布指令指挥下级
适用范围	适用于大、中型建设工程
优点【重点考查内容】	加强了项目监理目标控制的职能化分工，可以发挥职能机构的专业管理作用，提高管理效率，减轻总监理工程师负担
缺点【重点考查内容】	由于下级人员受多头指挥，如果这些指令相互矛盾，会使下级在监理工作中无所适从

小结：

1. 职能部门是以投资控制、进度控制、质量控制、合同管理为对象的部门，应能通过组织机构图例或文字描述哪些部门是直线部门，哪些部门是职能部门。

2. 应特别注意职能制和直线制的组织机构图的区别。

核心考点7　直线职能制组织形式（必考指数★★★）

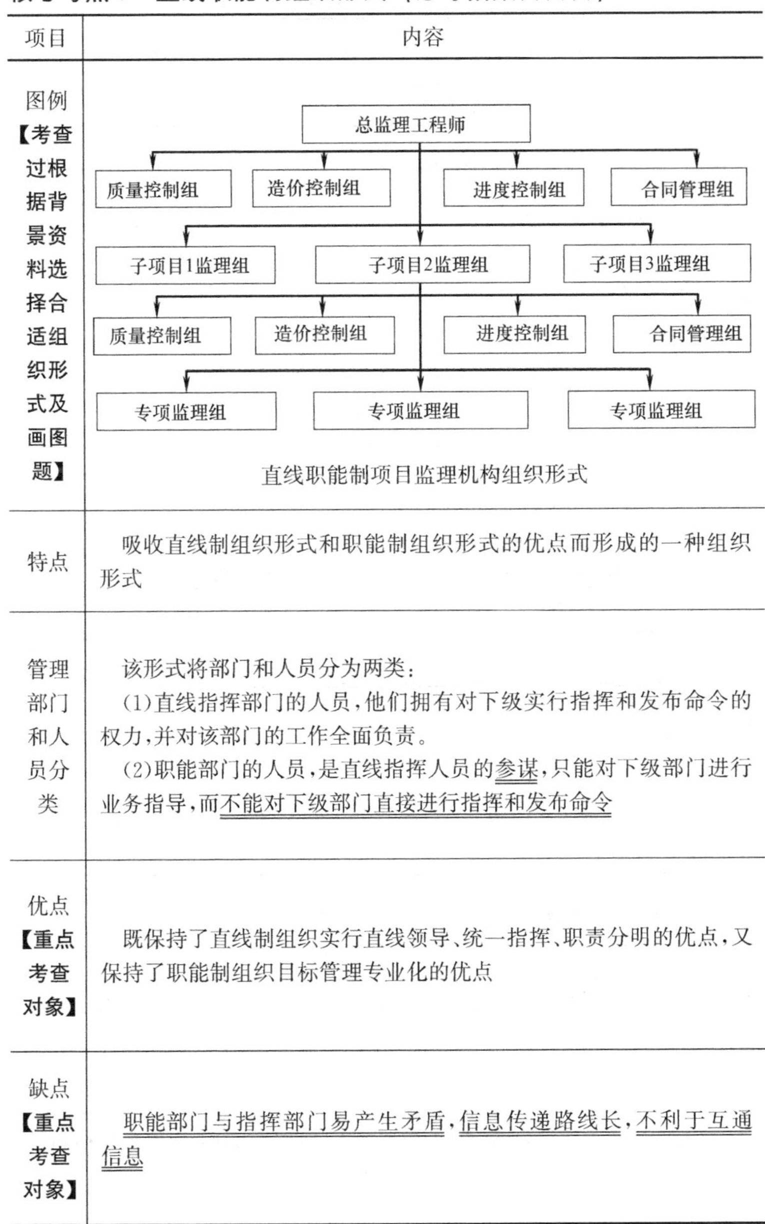

项目	内容
图例【考查过根据背景资料选择合适组织形式及画图题】	总监理工程师 质量控制组　造价控制组　进度控制组　合同管理组 子项目1监理组　子项目2监理组　子项目3监理组 质量控制组　造价控制组　进度控制组　合同管理组 专项监理组　专项监理组　专项监理组 直线职能制项目监理机构组织形式
特点	吸收直线制组织形式和职能制组织形式的优点而形成的一种组织形式
管理部门和人员分类	该形式将部门和人员分为两类： (1)直线指挥部门的人员，他们拥有对下级实行指挥和发布命令的权力，并对该部门的工作全面负责。 (2)职能部门的人员，是直线指挥人员的参谋，只能对下级部门进行业务指导，而不能对下级部门直接进行指挥和发布命令
优点【重点考查对象】	既保持了直线制组织实行直线领导、统一指挥、职责分明的优点，又保持了职能制组织目标管理专业化的优点
缺点【重点考查对象】	职能部门与指挥部门易产生矛盾，信息传递路线长，不利于互通信息

核心考点 8　矩阵制组织形式（必考指数★★★）

项目	内容
图例【可以考查识图题、画图题】	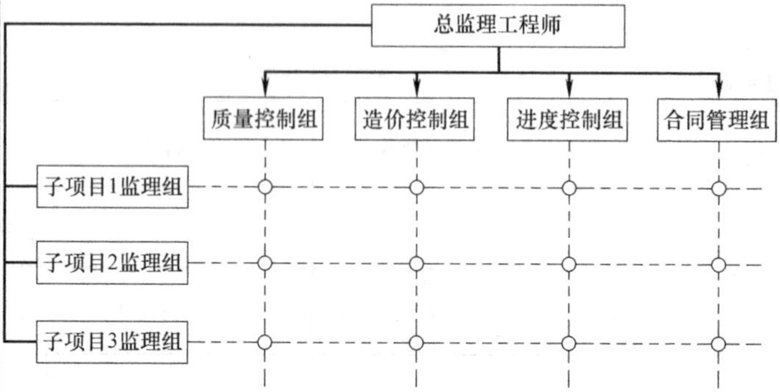 总监理工程师 质量控制组　造价控制组　进度控制组　合同管理组 子项目1监理组 子项目2监理组 子项目3监理组 矩阵制项目监理机构组织形式
特点	由纵、横两套管理系统组成的矩阵组织结构，一套是纵向的职能系统，另一套是横向的子项目系统。 这种组织形式的纵、横两套管理系统在监理工作中是相互融合关系。图中虚线所绘的交叉点上，表示了两者协同以共同解决问题
优点【考查过简答题】	加强了各职能部门的横向联系，具有较大的机动性和适应性，将上下左右集权与分权实行最优结合，有利于解决复杂问题，有利于监理人员业务能力的培养
缺点【考查过简答题】	纵横向协调工作量大，处理不当会造成扯皮现象，产生矛盾

核心考点 9　项目监理机构人员配备（必考指数★★）

项目	内容
人员结构内容	应具有合理的人员结构，包括：合理的专业结构和合理的技术职称结构
影响项目监理机构人员数量的主要因素	包括：工程建设强度（工程建设强度＝投资/工期）、建设工程复杂程度、工程监理单位的业务水平、项目监理机构的组织结构和任务职能分工等方面**【要注意上述指标的计算】**

<table>
<tr><th>项目</th><th>内容</th></tr>
<tr><td rowspan="5">人员数量的确定方法【考查过计算题目】</td><td>(1)项目监理机构人员需要量定额。根据监理工作内容和工程复杂程度等级,测定、编制项目监理机构监理人员需要量定额(该数据在考试时一般在背景中告知),见下表
监理人员需要量定额(人·年/千万元)
<table>
<tr><th>工程复杂程度</th><th>监理工程师</th><th>监理员</th><th>行政、文秘人员</th></tr>
<tr><td>简单工程</td><td>0.30</td><td>1.10</td><td>0.15</td></tr>
<tr><td>一般工程</td><td>0.35</td><td>1.50</td><td>0.15</td></tr>
<tr><td>较复杂工程</td><td>0.50</td><td>1.60</td><td>0.35</td></tr>
<tr><td>复杂工程</td><td>0.70</td><td>2.20</td><td>0.50</td></tr>
<tr><td>很复杂工程</td><td>＞0.70</td><td>＞2.20</td><td>＞0.50</td></tr>
</table></td></tr>
<tr><td>(2)确定工程建设强度。根据所承担的监理工程,确定工程建设强度</td></tr>
<tr><td>(3)确定工程复杂程度。按构成工程复杂程度的10个因素考虑,根据工程实际情况分别按10分制打分</td></tr>
<tr><td>(4)根据工程复杂程度和工程建设强度套用监理人员需要量定额</td></tr>
<tr><td>(5)根据实际情况确定监理人员数量</td></tr>
</table>

核心考点10 项目监理机构各类人员基本职责(必考指数★★★)

<table>
<tr><th colspan="2">《建设工程监理规范》GB/T 50319—2013</th></tr>
<tr><td>总监理工程师职责(3.2.1)【重复性考核内容】</td><td>(1)确定项目监理机构人员及其岗位职责。
(2)组织编制监理规划,审批监理实施细则。
(3)根据工程进展及监理工作情况调配监理人员,检查监理人员工作。
(4)组织召开监理例会。
(5)组织审核分包单位资格。
(6)组织审查施工组织设计、(专项)施工方案。
(7)审查工程开复工报审表,签发工程开工令、暂停令和复工令。
(8)组织检查施工单位现场质量、安全生产管理体系的建立及运行情况。
(9)组织审核施工单位的付款申请,签发工程款支付证书,组织审核竣工结算。
(10)组织审查和处理工程变更。</td></tr>
</table>

总监理工程师职责(**3.2.1**)**【重复性考核内容】**	(11)调解建设单位与施工单位的合同争议,处理工程索赔。 (12)组织验收分部工程,组织审查单位工程质量检验资料。 (13)审查施工单位的竣工申请,组织工程竣工预验收,组织编写工程质量评估报告,参与工程竣工验收。 (14)参与或配合工程质量安全事故的调查和处理。 (15)组织编写监理月报、监理工作总结,组织整理监理文件资料 **重点提示:** 上述划线部分内容为总监理工程师不得委托给总监理工程师代表的工作(3.2.2)。
专业监理工程师职责(**3.2.3**)**【重复性考核内容】**	(1)参与编制监理规划,负责编制监理实施细则。 (2)审查施工单位提交的涉及本专业的报审文件,并向总监理工程师报告。 (3)参与审核分包单位资格。 (4)指导、检查监理员工作,定期向总监理工程师报告本专业监理工作实施情况。 (5)检查进场的工程材料、构配件、设备的质量。 (6)验收检验批、隐蔽工程、分项工程,参与验收分部工程。 (7)处置发现的质量问题和安全事故隐患。 (8)进行工程计量。 (9)参与工程变更的审查和处理。 (10)组织编写监理日志,参与编写监理月报。 (11)收集、汇总、参与整理监理文件资料。 (12)参与工程竣工预验收和竣工验收
监理员职责(**3.2.4**)	(1)检查施工单位投入工程的人力、主要设备的使用及运行状况。 (2)进行见证取样。 (3)复核工程计量有关数据。 (4)检查工序施工结果。 (5)发现施工作业中的问题,及时指出并向专业监理工程师报告

考核形式小结:

主要考查题型:直接类型问答型、分析判断改错型、分析判断补充型的题目。

第三节　监理规划与监理实施细则

核心考点1　监理规划与监理实施细则的编写依据（必考指数★★）

监理规划	监理实施细则
(1)工程建设法律法规和标准。 (2)建设工程外部环境调查研究资料。 (3)政府批准的工程建设文件。 (4)建设工程监理合同文件。 (5)建设工程合同(特别是施工合同)。 (6)建设单位的合理要求。 (7)工程实施过程中输出的有关工程信息	(1)已批准的建设工程监理规划。 (2)与专业工程相关的标准、设计文件和技术资料。 (3)施工组织设计、(专项)施工方案

核心考点2　监理规划与监理实施细则的编写要求（必考指数★★）

监理规划	监理实施细则
(1)监理规划的基本构成内容应当力求统一。 (2)监理规划的内容应具有针对性、指导性和可操作性(纲领性文件)。 (3)监理规划应由总监理工程师组织编制。 (4)监理规划应把握工程项目运行脉搏。 (5)监理规划应有利于建设工程监理合同的履行。 (6)监理规划的表达方式应当标准化、格式化。 (7)监理规划的编制应充分考虑时效性。 (8)监理规划经审核批准后方可实施	(1)内容全面。 (2)针对性强。 (3)可操作性

核心考点 3　监理规划与监理实施细则的主要内容（必考指数★★★）

监理规划	监理实施细则
(1)工程概况。 (2)监理工作的范围、内容、目标。 (3)监理工作依据。 (4)监理组织形式、人员配备及进退场计划、监理人员岗位职责。 (5)监理工作制度。 (6)工程质量控制。 (7)工程造价控制。 (8)工程进度控制。 (9)安全生产管理的监理工作。 (10)合同与信息管理。 (11)组织协调。 (12)监理工作设施	(1)专业工程特点。 (2)监理工作流程。 (3)监理工作控制要点。 (4)监理工作方法及措施
【助记:盖饭有内幕;巨型人站岗之时,三控两管一协调】	**【助记:两点一流程还有方法和措施】**
【考核形式:可以简答题、补充题】	**【考核形式:可以考查简答题、补充题】**

核心考点 4　监理规划主要内容中的重点考核内容（必考指数★★★）

项目	内容
监理工作制度**【考核形式:简答题、补充题】**	包括:项目监理机构现场监理工作制度、项目监理机构内部工作制度及相关服务工作制度(必要时)
工程质量控制**【考核形式:简答题、补充题、分析判断题】**	工程质量控制主要任务包括: (1)审查施工单位现场的质量保证体系,包括:质量管理组织机构、管理制度及专职管理人员和特种作业人员的资格; (2)审查施工组织设计、(专项)施工方案; (3)审查工程使用的新材料、新工艺、新技术、新设备的质量认证材料和相关验收标准的适用性; (4)检查、复核施工控制测量成果及保护措施; (5)审核分包单位资格,检查施工单位为本工程提供服务的试验室;

项目	内容
工程质量控制**【考核形式：简答题、补充题、分析判断题】**	(6)审查施工单位用于工程的材料、构配件、设备的质量证明文件，并按要求对用于工程的材料进行见证取样、平行检验，对施工质量进行平行检验； (7)审查影响工程质量的计量设备的检查和检定报告； (8)采用旁站、巡视检查、平行检验等方式对施工过程进行检查监督； (9)对隐蔽工程、检验批、分项工程和分部工程进行验收； (10)对质量缺陷、质量问题、质量事故及时进行处置和检查验收； (11)对单位工程进行竣工验收，并组织工程竣工预验收； (12)参加工程竣工验收，签署建设工程监理意见
工程造价控制**【考核形式：简答题、补充题、分析判断题】**	工程造价控制工作内容： (1)熟悉施工合同及约定的计价规则，复核、审查施工图预算； (2)定期进行工程计量，复核工程进度款申请，签署进度款付款签证； (3)建立月完成工程量统计表，对实际完成量与计划完成量进行比较分析，发现偏差的，应提出调整建议，并报告建设单位； (4)按程序进行竣工结算款审核，签署竣工结算款支付证书
工程进度控制**【考核形式：简答题、补充题、分析判断题】**	工程进度控制工作内容： (1)审查施工总进度计划和阶段性施工进度计划； (2)检查、督促施工进度计划的实施； (3)进行进度目标实现的风险分析，制定进度控制的方法和措施； (4)预测实际进度对工程总工期的影响，分析工期延误原因，制订对策和措施，并报告工程实际进展情况
安全生产管理的监理工作**【考核形式：简答题、补充题、分析判断题】**	安全生产管理的监理工作内容： (1)编制建设工程监理实施细则，落实相关监理人员； (2)审查施工单位现场安全生产规章制度的建立和实施情况； (3)审查施工单位安全生产许可证及施工单位项目经理、专职安全生产管理人员和特种作业人员的资格，核查施工机械和设施的安全许可验收手续；

项目	内容
安全生产管理的监理工作**【考核形式：简答题、补充题、分析判断题】**	(4)审查施工单位提交的施工组织设计，重点审查其中的质量安全技术措施、专项施工方案与工程建设强制性标准的符合性； (5)审查包括施工起重机械和整体提升脚手架、模板等自升式架设设施等在内的施工机械和设施的安全许可验收手续情况； (6)巡视检查危险性较大的分部分项工程专项施工方案实施情况； (7)对施工单位拒不整改或不停止施工时，应及时向有关主管部门报送监理报告

核心考点5　监理规划报审（必考指数★★★）

<table>
<tr><th>项目</th><th>内容</th></tr>
<tr><td>报送</td><td>依据《建设工程监理规范》GB/T 50319—2013，监理规划应在签订建设工程监理合同及收到工程设计文件后编制，在召开第一次工地会议前报送建设单位</td></tr>
<tr><td>报审程序【一般会在时间节点、负责人这两栏进行考查】</td><td>监理规划报审程序见下表。
监理规划报审程序
<table>
<tr><th>序号</th><th>时间节点安排</th><th>工作内容</th><th>负责人</th></tr>
<tr><td>1</td><td>签订监理合同及收到工程设计文件后</td><td>编制监理规划</td><td>总监理工程师组织
专业监理工程师参与</td></tr>
<tr><td>2</td><td>编制完成、总监理工程师签字后</td><td>监理规划审批</td><td>监理单位技术负责人审批</td></tr>
<tr><td>3</td><td>第一次工地会议前</td><td>报送建设单位</td><td>总监理工程师报送</td></tr>
<tr><td rowspan="2">4</td><td rowspan="2">设计文件、施工组织设计和施工方案等发生重大变化时</td><td>调整监理规划</td><td>总监理工程师组织
专业监理工程师参与</td></tr>
<tr><td>重新审批监理规划</td><td>监理单位技术负责人审批</td></tr>
</table></td></tr>
</table>

核心考点6 监理实施细则报审（必考指数★★★）

<table>
<tr><th>项目</th><th>内容</th></tr>
<tr><td>报送</td><td>《建设工程监理规范》GB/T 50319—2013 第 4.3.5 条规定，在实施建设工程监理过程中，监理实施细则可根据实际情况进行补充、修改，并应经总监理工程师批准后实施</td></tr>
<tr><td>报审程序【一般会在时间节点、负责人这两栏进行考查】</td><td>监理实施细则由专业监理工程师编制完成，需要报总监理工程师批准后方能实施。监理实施细则报审程序见下表
监理实施细则报审程序
<table>
<tr><th>序号</th><th>节点</th><th>工作内容</th><th>负责人</th></tr>
<tr><td>1</td><td rowspan="2">相应工程施工前</td><td>编制监理实施细则</td><td>专业监理工程师编制</td></tr>
<tr><td>2</td><td>监理实施细则审批、批准</td><td>专业监理工程师送审
总监理工程师批准</td></tr>
<tr><td>3</td><td>工程施工过程中</td><td>若发生变化，监理实施细则中工作流程与方法措施调整</td><td>专业监理工程师调整
总监理工程师批准</td></tr>
</table></td></tr>
</table>

核心考点7 监理规划与监理实施细则的审核内容（必考指数★★★）

监理规划**【考查简答题、补充题】**	监理实施细则**【考查简答题、补充题】**
(1)监理范围、工作内容及监理目标的审核。 (2)项目监理机构的审核。 (3)工作计划的审核。 (4)工程质量、造价、进度控制方法的审核。 (5)对安全生产管理监理工作内容的审核。 (6)监理工作制度的审核	(1)编制依据、内容的审核。 (2)项目监理人员的审核。 (3)监理工作流程、监理工作要点的审核。 (4)监理工作方法和措施的审核。 (5)监理工作制度的审核

第四节　建设工程监理工作内容和主要方式

核心考点1　建设工程质量、造价、进度三大目标控制任务（必考指数★★）

目标任务	主要任务	监理机构需要做好的工作
建设工程质量控制任务	通过对施工投入、施工和安装过程、施工产出品（分项工程、分部工程、单位工程、单项工程等）进行全过程控制，以及对施工单位及其人员的资格、材料和设备、施工机械和机具、施工方案和方法、施工环境实施全面控制，以期按标准实现预定的施工质量目标	协助建设单位做好施工现场准备工作，为施工单位提交合格的施工现场；审查确认施工总包单位及分包单位资格；检查工程材料、构配件、设备质量；检查施工机械和机具质量；审查施工组织设计和施工方案；检查施工单位的现场质量管理体系和管理环境；控制施工工艺过程质量；验收分部分项工程和隐蔽工程；处置工程质量问题、质量缺陷；协助处理工程质量事故；审核工程竣工图，组织工程预验收；参加工程竣工验收等
建设工程造价控制任务	通过工程计量、工程付款控制、工程变更费用控制、预防并处理好费用索赔、挖掘降低工程造价潜力等使工程实际费用支出不超过计划投资	协助建设单位制定施工阶段资金使用计划，严格进行工程计量和付款控制，做到不多付、不少付、不重复付；严格控制工程变更，力求减少工程变更费用；研究确定预防费用索赔的措施，以避免、减少施工索赔；及时处理施工索赔，并协助建设单位进行反索赔；协助建设单位按期提交合格施工现场，保质、保量、适时、适地提供由建设单位负责提供的工程材料和设备；审核施工单位提交的工程结算文件等

目标任务	主要任务	监理机构需要做好的工作
建设工程进度控制任务	通过完善建设工程控制性进度计划、审查施工单位提交的进度计划、做好施工进度动态控制工作、协调各相关单位之间的关系、预防并处理好工期索赔，力求实际施工进度满足计划施工进度的要求	完善建设工程控制性进度计划；审查施工单位提交的施工进度计划；协助建设单位编制和实施由建设单位负责供应的材料和设备供应进度计划；组织进度协调会议，协调有关各方关系；跟踪检查实际施工进度；研究制定预防工期索赔的措施，做好工程延期审批工作等

考核形式小结：

上述知识点考查过判断型、归类型的题目。

核心考点2　建设工程质量、造价、进度三大目标控制措施（必考指数★★★）

目标任务	控制措施
组织措施	是其他各类措施的前提和保障，措施如下： (1)建立健全实施动态控制的组织机构、规章制度和人员，明确各级目标控制人员的任务和职责分工，改善建设工程目标控制的工作流程； (2)建立建设工程目标控制工作考评机制，加强各单位(部门)之间的沟通协作； (3)加强动态控制过程中的激励措施，调动和发挥员工实现建设工程目标的积极性和创造性等
技术措施	(1)对多个可能的建设方案、施工方案等进行技术可行性分析； (2)对各种技术数据进行审核、比较，对施工组织设计、施工方案等进行审查、论证； (3)在整个建设工程实施过程中，还需要采用工程网络计划技术、信息化技术等实施动态控制
经济措施	(1)审核工程量、工程款支付申请及工程结算报告； (2)编制和实施资金使用计划，对工程变更方案进行技术经济分析； (3)通过投资偏差分析和未完工程投资预测，可发现一些可能引起未完工程投资增加的潜在问题

目标任务	控制措施
合同措施	通过选择合理的承发包模式和合同计价方式，选定满意的施工单位及材料设备供应单位，拟订完善的合同条款，并动态跟踪合同执行情况及处理好工程索赔等

考核形式小结：

上述知识点考查过判断型、归类型、直接问答型的题目。

核心考点 3　合同管理的内容（必考指数★★★）

完整的建设工程施工合同管理应包括：施工招标的策划与实施；合同计价方式及合同文本的选择；合同谈判及合同条件的确定；合同协议书的签署；合同履行检查；合同变更、违约及纠纷的处理；合同订立和履行的总结评价等。具体内容阐述见下表。

工程暂停处理	
工程暂停令**【考查过判断型、补充型、直接问答型的题目】**	《建设工程监理规范》GB/T 50319—2013 规定： 6.2.1　总监理工程师在签发工程暂停令时，可根据停工原因的影响范围和影响程度，确定停工范围，并应按施工合同和建设工程监理合同的约定签发工程暂停令。 6.2.3　总监理工程师签发工程暂停令应事先征得建设单位同意，在紧急情况下未能事先报告时，应在事后及时向建设单位作出书面报告
工程变更处理	
施工单位提出的工程变更处理程序**【考查直接问答型的题目】**	《建设工程监理规范》GB/T 50319—2013 规定： 6.3.1　项目监理机构可按下列程序处理施工单位提出的工程变更： (1)总监理工程师组织专业监理工程师审查施工单位提出的工程变更申请，提出审查意见。对涉及工程设计文件修改的工程变更，应由建设单位转交原设计单位修改工程设计文件。必要时，项目监理机构应建议建设单位组织设计、施工等单位召开论证工程设计文件的修改方案的专题会议。 (2)总监理工程师组织专业监理工程师对工程变更费用及工期影响作出评估。 (3)总监理工程师组织建设单位、施工单位等共同协商确定工程变更费用及工期变化，会签工程变更单。 (4)项目监理机构根据批准的工程变更文件监督施工单位实施工程变更

工程变更处理	
建设单位要求的工程变更处理职责	《建设工程监理规范》GB/T 50319—2013 第 6.3.5 条规定，项目监理机构可对建设单位要求的工程变更提出评估意见，并应督促施工单位按会签后的工程变更单组织施工

工程索赔处理	
处理费用索赔的主要依据	《建设工程监理规范》GB/T 50319—2013 规定： 6.4.1 项目监理机构应及时收集、整理有关工程费用的原始资料，为处理费用索赔提供证据。 6.4.2 项目监理机构处理费用索赔的主要依据应包括下列内容：法律法规；勘察设计文件、施工合同文件；工程建设标准；索赔事件的证据**【考查直接问答型、补充型的题目】**
处理施工单位提出的费用索赔	《建设工程监理规范》GB/T 50319—2013 规定： 6.4.3 项目监理机构可按下列程序处理施工单位提出的费用索赔： (1)受理施工单位在施工合同约定的期限内提交的费用索赔意向通知书。 (2)收集与索赔有关的资料。 (3)受理施工单位在施工合同约定的期限内提交的费用索赔报审表。 (4)审查费用索赔报审表。需要施工单位进一步提交详细资料时，应在施工合同约定的期限内发出通知。 (5)与建设单位和施工单位协商一致后，在施工合同约定的期限内签发费用索赔报审表，并报建设单位。 6.4.5 项目监理机构批准施工单位费用索赔应同时满足下列条件： (1)施工单位在施工合同约定的期限内提出费用索赔。 (2)索赔事件是因非施工单位原因造成，且符合施工合同约定。 (3)索赔事件造成施工单位直接经济损失。

处理施工单位提出的费用索赔	6.4.6 当施工单位的费用索赔要求与工程延期要求相关联时，项目监理机构可提出费用索赔和工程延期的综合处理意见，并应与建设单位和施工单位协商。 6.4.7 因施工单位原因造成建设单位损失，建设单位提出索赔时，项目监理机构应与建设单位和施工单位协商处理

工程延期及工期延误

《建设工程监理规范》GB/T 50319—2013 规定：

6.5.1 施工单位提出工程延期要求符合施工合同约定时，项目监理机构应予以受理。

6.5.2 当影响工期事件具有持续性时，项目监理机构应对施工单位提交的阶段性工程临时延期报审表进行审查，并应签署工程临时延期审核意见后报建设单位。当影响工期事件结束后，项目监理机构应对施工单位提交的工程最终延期报审表进行审查，并应签署工程最终延期审核意见后报建设单位。

6.5.3 项目监理机构在批准工程临时延期、工程最终延期前，均应与建设单位和施工单位协商。

6.5.4 项目监理机构批准工程延期应同时满足下列条件：

(1)施工单位在施工合同约定的期限内提出工程延期。

(2)因非施工单位原因造成施工进度滞后。

(3)施工进度滞后影响到施工合同约定的工期。

6.5.5 施工单位因工程延期提出费用索赔时，项目监理机构可按施工合同约定进行处理。

6.5.6 发生工期延误时，项目监理机构应按施工合同约定进行处理

施工合同解除

《建设工程监理规范》GB/T 50319—2013 规定：

6.7.1 因建设单位原因导致施工合同解除时，项目监理机构应按施工合同约定与建设单位和施工单位按下列款项协商确定施工单位应得款项，并应签发工程款支付证书：

(1)施工单位按施工合同约定已完成的工作应得款项。

(2)施工单位按批准的采购计划订购工程材料、构配件、设备的款项。

(3)施工单位撤离施工设备至原基地或其他目的地的合理费用。

(4)施工单位人员的合理遣返费用。

(5)施工单位合理的利润补偿。

(6)施工合同约定的建设单位应支付的违约金

核心考点 4　安全生产管理的内容（必考指数★★★）

项目		内容
施工单位安全生产管理体系的审查	审查施工单位的管理制度、人员资格及验收手续	《建设工程监理规范》GB/T 50319—2013中第5.5.2条规定，项目监理机构应审查施工单位现场安全生产规章制度的建立和实施情况，并应审查施工单位安全生产许可证及施工单位项目经理、专职安全生产管理人员和特种作业人员的资格，同时应核查施工机械和设施的安全许可验收手续。 《建设工程安全生产管理条例》第三十五条规定，施工单位在使用施工起重机械和整体提升脚手架、模板等自升式架设设施前，应当组织有关单位进行验收，也可以委托具有相应资质的检验检测机构进行验收；使用承租的机械设备和施工机具及配件的，由施工总承包单位、分包单位、出租单位和安装单位共同进行验收，验收合格的方可使用
	审查专项施工方案	《建设工程监理规范》GB/T 50319—2013中第5.5.3条规定，项目监理机构应审查施工单位报审的专项施工方案，符合要求的，应由总监理工程师签认后报建设单位。超过一定规模的危险性较大的分部分项工程的专项施工方案，应检查施工单位组织专家进行论证、审查的情况，以及是否附具安全验算结果。**【考查分析判断答题】** 专项施工方案审查的基本内容包括：**【考查过简答题】** (1)编审程序应符合相关规定。专项施工方案由施工项目经理组织编制，经施工单位技术负责人签字后，才能报送项目监理机构审查。 (2)安全技术措施应符合工程建设强制性标准

项目	内容
专项施工方案的监督实施	《建设工程监理规范》GB/T 50319—2013规定： 5.5.3　项目监理机构应要求施工单位按已批准的专项施工方案组织施工。专项施工方案需要调整时，施工单位应按程序重新提交项目监理机构审查。 5.5.5　项目监理机构应巡视检查危险性较大的分部分项工程专项施工方案实施情况。发现未按专项施工方案实施时，应签发监理通知单，要求施工单位按专项施工方案实施
安全事故隐患的处理	《建设工程监理规范》GB/T 50319—2013规定： 5.5.6　项目监理机构在实施监理过程中，发现工程存在安全事故隐患时，应签发监理通知单，要求施工单位整改；情况严重时，应签发工程暂停令，并应及时报告建设单位。施工单位拒不整改或不停止施工时，项目监理机构应及时向有关主管部门报送监理报告。**【考查过事故隐患处理程序的简答题】** 紧急情况下，项目监理机构可通过电话、传真或者电子邮件向有关主管部门报告，事后应形成监理报告

重点提示：

该知识点在考查时，还可能涉及《建设工程安全生产管理条例》中第六条～第八条、第十一条、第十四条、第二十四条～第二十九条、第三十五条的规定，《生产安全事故报告和调查处理条例》中第三条、第九条、第十一条的规定，《危险性较大的分部分项工程安全管理规定》中危大工程范围的规定，考生要将前述规定重点掌握。

核心考点5　信息管理（必考指数★）

项目	内容
信息管理的基本环节	建设工程信息管理贯穿工程建设全过程，其基本环节包括：信息的收集、传递、加工、整理、分发、检索和存储
信息管理系统的基本功能	建设工程信息管理系统的基本功能应至少包括：工程质量控制、工程造价控制、工程进度控制、工程合同管理四个子系统

核心考点6　组织协调（必考指数★）

协调的内容包括：项目监理机构与施工单位的协调；项目监理机构与设计单位的协调；项目监理机构与政府部门及其他单位的协调。

核心考点7　建设工程监理主要方式（必考指数★★）

监理方式	内容
巡视	监理人员应按照监理规划及监理实施细则的要求开展巡视检查工作。在巡视检查中发现问题，应及时采取相应处理措施；巡视监理人员认为发现的问题自己无法解决或无法判断是否能够解决时，应立即向总监理工程师汇报
平行检验	内容包括工程实体量测（检查、试验、检测）和材料检验等内容 对于平行检验不合格的施工质量，项目管理机构应签发监理通知单，要求施工单位在指定的时间内整改并重新报验
旁站	旁站是指项目监理机构对工程的关键部位或关键工序的施工质量进行的监督活动。 项目监理机构在编制监理规划时，应制定旁站方案，明确旁站的范围、内容、程序和旁站人员职责等。 监理人员实施旁站时，发现施工单位有违反工程建设强制性标准行为的，有权责令施工单位立即整改；发现其施工活动已经或者可能危及工程质量的，应当及时向监理工程师或者总监理工程师报告，由总监理工程师下达局部暂停施工指令或者采取其他应急措施。 旁站记录是监理工程师或者总监理工程师依法行使有关签字权的重要依据

监理方式	内容
见证取样**【重点考核内容,一般出题点在该知识点】**	见证取样是指项目监理机构对施工单位进行的涉及结构安全的试块、试件及工程材料现场取样、封样、送检工作的监督活动。 见证取样涉及三方行为:施工方、见证方、试验方。 程序:授权→取样→送检→试验报告。 项目监理机构应根据工程的特点和具体情况,制定工程见证取样送检工作制度,将材料进场报验、见证取样送检的范围、工作程序、见证人员和取样人员的职责、取样方法等内容纳入监理实施细则。并可召开见证取样工作专题会议,要求工程参建各方在施工中必须严格按制定的工作程序执行。 见证取样监理人员应根据见证取样实施细则要求、按程序实施见证取样工作,包括: (1)在现场进行见证,监督施工单位取样人员按随机取样方法和试件制作方法进行取样; (2)对试样进行监护、封样加锁; (3)在检验委托单签字,并出示"见证员证书"; (4)协助建立包括见证取样送检计划、台账等在内的见证取样档案等

第五节 建设工程文件资料管理与风险管理

核心考点1 建设工程监理基本表式(必考指数★★★)

根据《建设工程监理规范》GB/T 50319—2013,建设工程监理基本表式分为A类表(即工程监理单位用表,共8个表)、B类表(即施工单位报审、报验用表,共14个表)、C类表(通用表,共3个表)	
工程监理单位用表(A列表)	包括:总监理工程师任命书、工程开工令、监理通知单、监理报告、工程暂停令、旁站记录、工程复工令、工程款支付证书。**【划线部分考核频次较高】** 其中,施工单位发生下列情况时,项目监理机构应发出监理通知:**【考查补充题型、分析判断题型、直接问答型的题目】** (1)施工不符合设计要求、工程建设标准、合同约定; (2)使用不合格的工程材料、构配件和设备; (3)施工存在质量问题或采用不适当的施工工艺,或施工不当造成质量不合格; (4)实际进度严重滞后于计划进度且影响合同工期; (5)未按专项施工方案施工; (6)存在安全事故隐患; (7)在工程质量、造价、进度等方面存在违规等行为。 《监理通知单》可由总监理工程师或专业监理工程师签发,对于一般问题可由专业监理工程师签发,对于重大问题应由总监理工程师或经其同意后签发

施工单位报审、报验用表(B类表)	包括:施工组织设计或(专项)施工方案报审表,工程开工报审表,工程复工报审表,分包单位资格报审表,施工控制测量成果报验表,工程材料、构配件、设备报审表,隐蔽工程、检验批、分项工程报验表及施工试验室报审表,分部工程报验表,监理通知回复单,单位工程竣工验收报审表,工程款支付报审表,施工进度计划报审表,费用索赔报审表,工程临时或最终延期报审表。**【划线部分考核频次较高】** 其中,同时具备下列条件时,由总监理工程师签署审查意见,并报建设单位批准后,总监理工程师方可签发《工程开工令》**【考查补充题型、分析判断题型、直接问答型的题目】**: (1)设计**交**底和**图**纸会审已完成; (2)施工**组织**设计已由总监理工程师签认; (3)施工单位现场**质量**、**安全**生产管理体系已建立,管理及施工**人**员已到位,施工**机**械具备使用条件,主要工程**材**料已落实; (4)进场道路及**水**、**电**、**通信**等已满足开工要求。 **【助记:交图;组织;质量安全人材机;水电通信】** 《工程开工报审表》需要由总监理工程师签字,并加盖执业印章
通用表(C类表)	包括:工作联系单、工程变更单、索赔意向通知书

重点提示:

1. 需总监理工程师签字并加盖执业印章(10个)

工程开工令;工程暂停令;工程复工令;工程款支付证书、施工组织设计/(专项)施工方案报审表;工程开工报审表;单位工程竣工验收报审表;工程款支付报审表;费用索赔报审表;工程临时/最终延期报审表。

2. 需建设单位审批同意(6个)

施工组织设计/(专项)施工方案报审表;工程开工报审表;工程复工报审表;工程款支付报审表;费用索赔报审表;工程临时/最终延期报审表。

3. 监理单位法人签字并加盖单位公章

总监理工程师任命书。

4. 施工项目经理签字并加盖单位公章

工程开工报审表;单位工程竣工验收报审表。

核心考点 2　建设工程监理主要文件资料（必考指数★）

《建设工程监理规范》GB/T 50319—2013 第 7.2.1 条规定，监理文件资料应包括下列主要内容：

（1）勘察设计文件、建设工程监理合同及其他合同文件。

（2）监理规划、监理实施细则。

（3）设计交底和图纸会审会议纪要。

（4）施工组织设计、（专项）施工方案、施工进度计划报审文件资料。

（5）分包单位资格报审文件资料。

（6）施工控制测量成果报验文件资料。

（7）总监理工程师任命书，开工令、暂停令、复工令，工程开工或复工报审文件资料。

（8）工程材料、构配件、设备报验文件资料。

（9）见证取样和平行检验文件资料。

（10）工程质量检查报验资料及工程有关验收资料。

（11）工程变更、费用索赔及工程延期文件资料。

（12）工程计量、工程款支付文件资料。

（13）监理通知单、工作联系单与监理报告。

（14）第一次工地会议、监理例会、专题会议等会议纪要。

（15）监理月报、监理日志、旁站记录。

（16）工程质量或生产安全事故处理文件资料。

（17）工程质量评估报告及竣工验收监理文件资料。

（18）监理工作总结。

核心考点 3　建设工程监理文件资料管理职责和管理要求（必考指数★★）

项目	内容
项目监理机构文件资料管理的基本职责	（1）应建立和完善监理文件资料管理制度，宜设专人管理。 （2）宜采用信息技术进行监理文件资料管理。 （3）应及时整理、分类汇总监理文件资料，并按规定组卷，形成监理档案。 （4）应根据工程特点和有关规定，保存监理档案，并应向有关单位、部门移交需要存档的监理文件资料

项目	内容
建设工程监理文件资料的管理要求	体现在工程监理文件资料管理全过程，包括：监理文件资料收发文与登记、传阅、分类存放、组卷归档、验收与移交等。 **重点提示：** 建筑工程文件归档范围考生可根据《建设工程文件归档规范》GB/T 50328—2014 中附录 A 的规定自行复习掌握。
建设工程监理文件资料移交**【重点内容】**	(1)列入城建档案管理部门接收范围的工程，建设单位在工程竣工验收后3个月内必须向城建档案管理部门移交一套符合规定的工程档案(监理文件资料)。 (2)停建、缓建工程的监理文件资料暂由建设单位保管。 (3)对改建、扩建和维修工程，建设单位应组织工程监理单位据实修改、补充和完善监理文件资料，对改变的部位，应当重新编写，并在工程竣工验收后3个月内向城建档案管理部门移交。 (4)工程监理单位应在工程竣工验收前将监理文件资料按合同约定的时间、套数移交给建设单位，办理移交手续。 (5)建设单位向城建档案管理部门移交工程档案，应提交移交案卷目录，办理移交手续，双方签字、盖章后方可交接

重点提示：

该部分知识点还有可能涉及《建设工程监理规范》GB/T 50319—2013 中监理月报（7.2.3）、监理工作总结（7.2.4）的内容，《房屋建筑工程和市政基础设施工程竣工验收备案管理暂行办法》中第四条、第五条、第六条、第七条的规定，《城市建设档案管理规定》中第六条、第七条、第八条的规定。

核心考点 4　建设工程风险管理过程、风险识别（必考指数★）

项目	内容
风险管理过程	风险识别、风险分析与评价、风险对策的决策、风险对策的实施和风险对策实施的监控
风险识别的主要内容	识别引起风险的主要因素，识别风险的性质，识别风险可能引起的后果
识别建设工程风险的方法	专家调查法、财务报表法、流程图法、初始清单法、经验数据法、风险调查法等

核心考点 5　建设工程风险分析与评价（必考指数★★）

<table>
<tr><th colspan="2">项目</th><th>内容</th></tr>
<tr><td colspan="2">风险度量</td><td>根据风险事件发生的频繁程度，可将风险事件发生的概率分为3～5个等级。等级的划分反映了一种主观判断。因此，等级数量的划分也可根据实际情况作出调整</td></tr>
<tr><td rowspan="3">风险评定</td><td>风险后果的等级划分</td><td>可按事故发生后果的严重程度划分为3～5个等级</td></tr>
<tr><td>风险重要性评定</td><td>将风险事件发生概率(P)的等级和风险后果(O)的等级分别划分为大(H)、中(M)、小(L)三个区间，即可形成如下图所示的9个不同区域。在这9个不同区域中，有些区域的风险量是大致相等的，因此，可以将风险量的大小分为5个等级：(1)VL(很小)；(2)L(小)；(3)M(中等)；(4)H(大)；(5)VH(很大)
P<table><tr><td>M</td><td>H</td><td>VH</td></tr><tr><td>L</td><td>M</td><td>H</td></tr><tr><td>VL</td><td>L</td><td>M</td></tr></table>O
风险等级图
【考查过根据风险等级图，并据此判断相关工程风险等级】</td></tr>
<tr><td>风险可接受性评定</td><td>风险可接受性评定见下表。
风险可接受性评定<table><tr><th>风险等级</th><th>可接受性评定</th></tr><tr><td>大、很大的风险因素</td><td>不可接受的风险，需要给予重点关注</td></tr><tr><td>中等的风险因素</td><td>不希望有的风险</td></tr><tr><td>等级小的风险因素</td><td>可接受的风险</td></tr><tr><td>很小的风险因素</td><td>可忽略的风险</td></tr></table></td></tr>
<tr><td colspan="2">风险分析与评价的方法</td><td>常用的风险分析与评价方法有调查打分法、蒙特卡洛模拟法、计划评审技术法和敏感性分析法等</td></tr>
</table>

核心考点6　建设工程风险对策（必考指数★★）

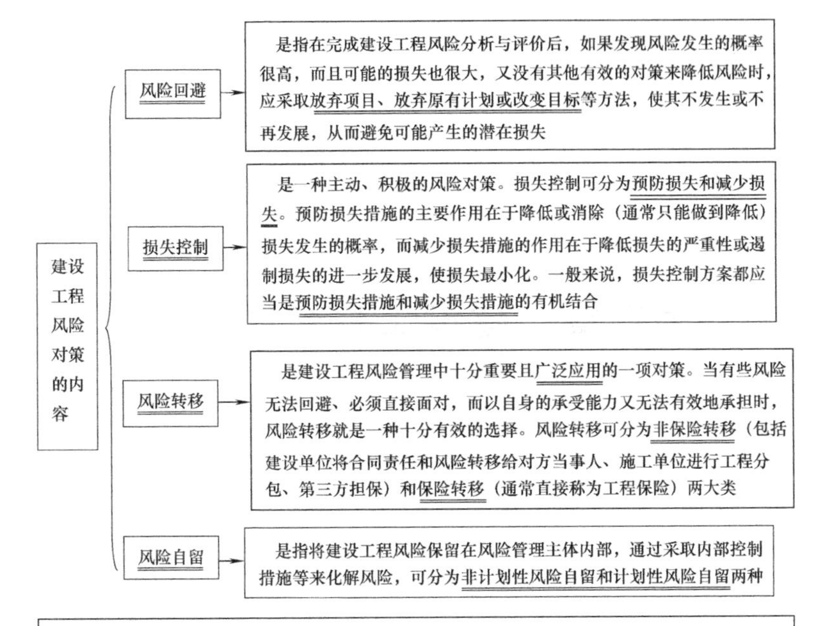

考核形式小结：

该知识点可以出简答题（建设工程风险对策的内容包括哪些）、分析判断题（在背景资料列出了风险对策及措施，让考生分析判断哪些措施属于哪个风险对策）。

第二章　建设工程合同管理

第一节　建设工程施工招标

核心考点1　施工招标程序（必考指数★★）

程序	具体内容
招标准备	包括:成立招标机构及备案、确定招标方式、编制招标文件、发布招标公告(或投标邀请书)等
组织资格审查	包括:编制资格预审文件、发布资格预审公告、发售资格预审文件、资格预审文件的澄清修改、组建资格审查委员会、潜在投标人递交资格预审申请文件、资格预审审查报告
发售招标文件	按照招标公告(未进行资格预审)或投标邀请书(邀请招标)的时间、地点发售招标文件
现场踏勘	《标准施工招标文件》规定: (1)招标人按招标公告规定的时间、地点组织投标人踏勘项目现场。 (2)投标人承担自己踏勘现场发生的费用。 (3)除招标人的原因外,投标人自行负责在踏勘现场中所发生的人员伤亡和财产损失。 (4)招标人在踏勘现场中介绍的工程场地和相关的周边环境情况,供投标人在编制投标文件时参考,招标人不对投标人据此做出的判断和决策负责。 组织投标人踏勘现场的时间:一般应在投标截止时间15日前及投标预备会召开前进行
投标预备会	《标准施工招标文件》规定:投标预备会后,招标人在招标公告规定的时间内,将对投标人所提问题的澄清,以书面方式通知所有购买招标文件的潜在投标人。该澄清内容为招标文件的组成部分
投标文件的接收	招标人收到投标文件后应当签收,并在招标文件规定开标时间前不得开启

程序	具体内容
组建评标委员会 **【重点考查内容】**	根据《评标委员会和评标方法暂行规定》: 第八条 评标委员会由招标人负责组建。评标委员会成员名单一般应于开标前确定。评标委员会成员名单在中标结果确定前应当保密。 第九条 评标委员会由招标人或其委托的招标代理机构熟悉相关业务的代表,以及有关技术、经济等方面的专家组成,成员人数为五人以上单数,其中技术、经济等方面的专家不得少于成员总数的三分之二。评标委员会设负责人的,评标委员会负责人由评标委员会成员推举产生或者由招标人确定。评标委员会负责人与评标委员会的其他成员有同等的表决权。 第十条 评标委员会的专家成员应当从依法组建的专家库内的相关专家名单中确定。按前款规定确定评标专家,可以采取随机抽取或者直接确定的方式。一般项目,可以采取随机抽取的方式;技术复杂、专业性强或者国家有特殊要求的招标项目,采取随机抽取方式确定的专家难以保证胜任的,可以由招标人直接确定
开标	招标人及其招标代理机构应按招标文件规定的时间、地点主持开标,邀请所有投标人的法定代表人或其委托的代理人参加。 开标时,由投标人或者其推选的代表检查投标文件的密封情况,也可以由招标人委托的公证机构检查并公证
评标	评标由招标人依法组建的评标委员会负责。评标完成后,应当向招标人提交书面的评标报告并推荐中标候选人名单。 《标准施工招标文件》规定,评标办法分为经评审的最低投标价法和综合评估法,供招标人根据项目具体特点和实际需要选择适用
合同签订 **【重点考查内容】** 确定中标人	招标人可以授权评标委员会直接确定中标人,也可以依据评标委员会推荐的中标候选人确定中标人。评标委员会一般按照择优的原则推荐1~3名中标候选人。 确定中标人后,招标人在招标文件规定的投标有效期内以书面形式向中标人发出中标通知书,同时将中标结果通知未中标的投标人

程序		具体内容
合同签订**【重点考查内容】**	履约担保	在签订合同前，中标人应按招标文件中规定的金额、担保形式和履约担保格式向招标人提交履约担保。联合体中标的，其履约担保由牵头人递交。 中标人不能按招标文件要求提交履约担保的，视为放弃中标，其投标保证金不予退还，给招标人造成的损失超过投标保证金数额的，中标人还应当对超过部分予以赔偿
	合同订立	招标人和中标人应当在投标有效期内以及中标通知书发出之日起30日之内，根据招标文件和中标人的投标文件订立书面合同

重点提示：

该部分知识点还有可能与《招标投标法》《招标投标法实施条例》《评标委员会和评标方法暂行规定》《建设工程清单计价规范》中的相关规定结合在一起考试，经常会考查招标文件（资格预审文件），招标标底，招标控制价，资格审查，现场踏勘与投标预备会，投标文件、投标有效期和投标保证金规定，评标委员会，开标相关规定，否决投标，评标相关规定，确定中标人及签订合同等要点。

核心考点2　投标人资格审查办法（必考指数★）

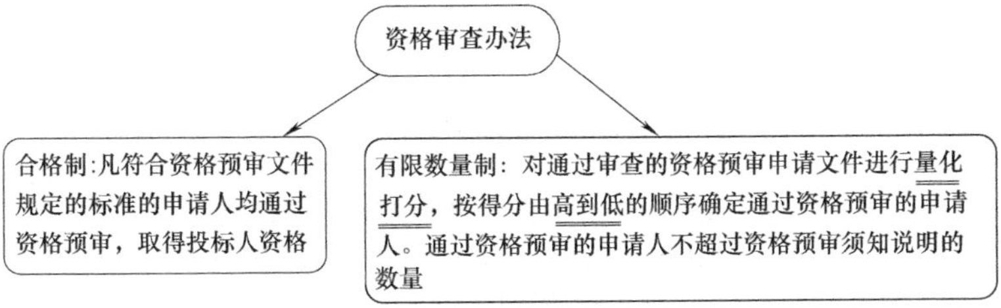

资格审查办法

- 合格制：凡符合资格预审文件规定的标准的申请人均通过资格预审，取得投标人资格
- 有限数量制：对通过审查的资格预审申请文件进行量化打分，按得分由高到低的顺序确定通过资格预审的申请人。通过资格预审的申请人不超过资格预审须知说明的数量

核心考点3　施工评标办法——经评审的最低投标价法（必考指数★★）

项目		内容
适用条件		适用于具有通用技术、性能标准或者招标人对其技术、性能标准没有特殊要求的招标项目
评标办法		评标委员会对满足招标文件实质要求的投标文件，首先按照初步评审标准对投标文件进行初步评审，然后依据详细评审的量化因素及量化标准对通过初步审查的投标文件进行价格折算，按照经评审的投标价由低到高的顺序推荐1～3名中标候选人，或根据招标人授权直接确定中标人，但投标报价低于其成本的除外。 经评审的投标价相等时，投标报价低的优先，投标报价也相等的，由招标人自行确定
评审标准	初步评审	根据《标准施工招标文件》的规定，投标初步评审为形式评审、资格评审、响应性评审、施工组织设计和项目管理机构评审标准四个方面
	详细评审标准	评审因素一般包括：单价遗漏、付款条件等
评标程序	初步评审	投标报价有算术错误的，评标委员会按以下原则对投标报价进行修正，修正的价格经投标人书面确认后具有约束力。投标人不接受修正价格的，应当否决该投标人的投标。**【此处考查过改错题】** （1）投标文件中的大写金额与小写金额不一致的，以大写金额为准； （2）总价金额与依据单价计算出的结果不一致的，以单价金额为准修正总价，但单价金额小数点有明显错误的除外 **重点提示：** 大写优于小写；单价优于总价。
	详细评审	评标委员会发现投标人的报价明显低于其他投标报价，或者在设有标底时明显低于标底，使得其投标报价可能低于其成本的，应当要求该投标人做出书面说明并提供相应的证明材料。投标人不能合理说明或者不能提供相应证明材料的，由评标委员会认定该投标人以低于成本报价竞标，否决其投标

项目		内容
评标程序	投标文件的澄清和补正	在评标过程中，评标委员会可以书面形式要求投标人对所提交的投标文件中不明确的内容进行书面澄清或说明，或者对细微偏差进行补正。评标委员会不接受投标人主动提出的澄清、说明或补正。 澄清、说明和补正不得改变投标文件的实质性内容(算术性错误修正的除外)。投标人的书面澄清、说明和补正属于投标文件的组成部分
	评标结果	除授权评标委员会直接确定中标人外，还可以按照经评审的价格由低到高的顺序推荐中标候选人，但最低价不能低于成本价。 评标委员会完成评标后，应当向招标人提交书面评标报告

核心考点 4　施工评标办法——综合评估法（必考指数★★）

项目		内容
适用条件		适用于招标人对招标项目的技术、性能有专门要求的招标项目
评标方法		评标委员会对满足招标文件实质性要求的投标文件，按照评标办法表中所列的分值构成与评分标准规定的评分标准进行打分，并按得分由高到低顺序推荐中标候选人，或根据招标人授权直接确定中标人，但投标报价低于其成本的除外。 综合评分相等时，以投标报价低的优先；投标报价也相等的，由招标人自行确定
评审标准	初步评审标准	综合评估法与最低投标价法初步评审标准的参考因素与评审标准等方面基本相同，只是综合评估法初步评审标准包含形式评审标准、资格评审标准和响应性评审标准三部分
	详细评审标准(分值构成与评分标准)	(1)分值构成。将施工组织设计、项目管理机构、投标报价及其他评分因素分配一定的权重或分值及区间。 (2)评标基准价计算。招标人可依据招标项目的特点、行业管理规定给出评标基准及得分的计算方法。 (3)投标报价的偏差率计算： $偏差率=\frac{(投标人报价-评标基准价)}{评标基准价}\times 100\%$ (4)评分标准。招标人应当明确施工组织设计、项目管理机构、投标报价和其他因素的评分因素、评分标准，以及各评分因素的权重

项目	内容
评标程序	初步评审、详细评审、投标文件的澄清和补正、评标结果。 详细评审中，评标委员会按评标办法规定的评审因素和分值对施工组织设计计算出得分 A；对项目管理机构计算出得分 B；对投标报价计算出得分 C；对其他部分计算出得分 D。 最后计算出投标人综合评估得分：A+B+C+D。 评分分值计算保留小数点后两位，小数点后第三位“四舍五入”

第二节 建设工程施工合同订立

核心考点 1 合同文件的组成、优先解释次序（必考指数★）

项目	内容
组成	《标准施工合同》的通用条款中规定，合同的组成文件包括： （1）合同协议书； （2）中标通知书； （3）投标函及投标函附录； （4）专用合同条款； （5）通用合同条款； （6）技术标准和要求； （7）图纸； （8）已标价的工程量清单； （9）其他合同文件——经合同当事人双方确认构成合同的其他文件。 **【助记：携（协）众（中）投砖（专）同，技图清其他】**
优先解释次序	组成合同的各文件中出现含义或内容的矛盾时，如果专用条款没有另行的约定，以上合同文件序号为优先解释的顺序

核心考点 2　订立合同时需要明确的内容（必考指数★）

订立合同时需要明确的内容包括：

（1）施工现场范围和施工临时占地；

（2）发包人提供图纸的期限和数量；

（3）发包人提供的材料和工程设备；

（4）异常恶劣的气候条件范围；

注意：“异常恶劣的气候条件”属于发包人的责任，“不利气候条件”对施工的影响则属于承包人应承担的风险，因此应当根据项目所在地的气候特点，在专用条款中明确界定不利于施工的气候和异常恶劣的气候条件之间的界限。

（5）物价浮动的合同价格调整。

核心考点 3　明确保险责任（必考指数★）

项目		内容
工程保险和第三者责任保险	承包人办理保险	标准施工合同和简明施工合同的通用条款均规定由承包人负责投保“建筑工程一切险”“安装工程一切险”和“第三者责任保险”，并承担办理保险的费用
	发包人办理保险	平行发包的方式，由发包人投保为宜。 无论是由承包人还是发包人办理工程险和第三者责任保险，均必须以发包人和承包人的共同名义投保
	保险金不足的补偿	当投保工程一切险的保险金额少于工程实际价值，工程受到保险事件的损害时，不能从保险公司获得实际损失的全额赔偿，则损失赔偿的不足部分按合同相应条款的约定，由该事件的风险责任方负责补偿
	未按约定投保的补偿	(1)另一当事人可代为办理，所需费用由对方当事人承担。 (2)由负有投保义务的一方当事人支付应得到的保险赔偿金额
人员工伤事故保险和人身意外伤害保险		发包人和承包人应按照相关法律规定为履行合同的本方人员缴纳工伤保险费，并分别为自己现场项目管理机构的所有人员投保人身意外伤害保险

项目	内容
其他保险	(1)承包人的施工设备保险;承包人应以自己的名义投保施工设备保险,作为工程一切险的附加保险,因为此项保险内容发包人没有投保。 (2)进场材料和工程设备保险:应是谁采购的材料和工程设备,由谁办理相应的保险

核心考点4　发包人义务（必考指数★）

义务	具体内容
提供施工场地	(1)施工现场:包括永久工程用地和施工的临时占地,施工场地的移交可以一次完成,也可以分次移交,以不影响单位工程的开工为原则。 (2)地下管线和地下设施的相关资料:发包人应保证资料的真实、准确、完整,但不对承包人据此判断、推论错误导致编制施工方案的后果承担责任。 (3)现场外的道路通行权
组织设计交底	发包人应根据合同进度计划,组织设计单位向承包人和监理人对提供的施工图纸和设计文件进行交底,以便承包人制定施工方案和编制施工组织设计
约定开工时间	可根据实际情况在合同协议书或专用条款中约定

核心考点5　承包人义务（必考指数★）

承包人义务包括：**【注意：要求领会实质，能划清发包人、承包人义务的归属即可】**

（1）现场查勘：签订合同协议书后，承包人应对施工场地和周围环境进行查勘，核对发包人提供的有关资料，并进一步收集相关的地质、水文、气象条件、交通条件、风俗习惯以及其他为完成合同工作有关的当地资料，以便编制施工组织设计和专项施工方案。

（2）编制施工实施计划：包括施工组织设计；质量管理体系；环境保护措施计划。

（3）施工现场内的交通道路和临时工程。

（4）施工控制网。

（5）提出开工申请。

核心考点 6　监理人的职责（必考指数★）

义务		具体内容
审查承包人的实施方案		监理人对承包人报送的施工组织设计、质量管理体系、环境保护措施进行认真的审查，还需要审查合同进度计划
开工通知	发出开工通知的条件	当发包人的开工前期工作已完成且临近约定的开工日期时，应委托监理人按专用条款约定的时间向承包人发出开工通知。如果约定的开工已届至但发包人应完成的开工配合义务尚未完成（如现场移交延误），由于监理人不能按时发出开工通知，则要顺延合同工期并赔偿承包人的相应损失。 如果发包人开工前的配合工作已完成且约定的开工日期已届至，但承包人的开工准备还不满足开工条件，监理人仍应按时发出开工的指示，合同工期不予顺延
	发出开工通知的时间	监理人征得发包人同意后，应在开工日期 7 天前向承包人发出开工通知，合同工期自开工通知中载明的开工日起计算

第三节　建设工程施工合同履行管理

核心考点 1　施工进度管理（必考指数★★）

项目	内容
合同进度计划的动态管理	承包人可以主动向监理人提交修订合同进度计划的申请报告，并附有关措施和相关资料，报监理人审批；监理人也可以向承包人发出修订合同进度计划的指示，承包人应按该指示修订合同进度计划后报监理人审批。 监理人应在专用合同条款约定的期限内予以批复。如果修订的合同进度计划对竣工时间有较大影响或需要补偿额超过监理人独立确定的范围时，在批复前应取得发包人同意
可以顺延合同工期的情况**【重点考核内容】**	（1）发包人原因延长合同工期。通用条款中明确规定，由于发包人原因导致的延误，承包人有权获得工期顺延和（或）费用加利润补偿的情况包括：增加合同工作内容；改变合同中任何一项工作的质量要求或其他特性；发包人迟延提供材料、工程设备或变更交货地点；因发包人原因导致的暂停施工；提供图纸延误；未按合同约定及时支付预付款、进度款；发包人造成工期延误的其他原因。 （2）异常恶劣的气候条件。按照通用条款的规定，出现专用合同条款约定的异常恶劣气候条件导致工期延误，承包人有权要求发包人延长工期

项目	内容
承包人原因的延误	未能按合同进度计划完成工作时，承包人应采取措施加快进度，并承担加快进度所增加的费用。由于承包人原因造成工期延误，承包人应支付逾期竣工违约金
暂停施工	通用条款规定，承包人责任引起的暂停施工，增加的费用和工期由承包人承担；发包人暂停施工的责任，承包人有权要求发包人延长工期和(或)增加费用，并支付合理利润
发包人要求提前竣工	如果发包人根据实际情况向承包人提出提前竣工要求，由于涉及合同约定的变更，应与承包人通过协商达成提前竣工协议作为合同文件的组成部分。专用条款使用说明中建议，奖励金额可为发包人实际效益的20%

核心考点2　施工质量管理——质量责任及承包人的管理（必考指数★★）

（1）质量责任：

①因承包人原因造成工程质量达不到合同约定验收标准，监理人有权要求承包人返工直至符合合同要求为止，由此造成的费用增加和（或）工期延误由承包人承担。

②因发包人原因造成工程质量达不到合同约定验收标准，发包人应承担由于承包人返工造成的费用增加和（或）工期延误，并支付承包人合理利润。

（2）承包人的管理：

①项目部的人员管理：质量检查制度、规范施工作业的操作程序、撤换不称职的人员。

②质量检查：a. 材料和设备的检验【考查过分析判断题】：承包人应对使用的材料和设备进行进场检验和使用前的检验，不允许使用不合格的材料和有缺陷的设备。b. 施工部位的检查：承包人未通知监理人到场检查，私自将工程隐蔽部位覆盖，监理人有权指示承包人钻孔探测或揭开检查，由此增加的费用和（或）工期延误由承包人承担。c. 现场工艺试验。

核心考点3　施工质量管理——监理人的质量检查和试验（必考指数★★）

（1）与承包人的共同检验和试验

监理人应与承包人共同进行材料、设备的试验和工程隐蔽前的检验。收到承包人共同检验的通知，监理人既未发出变更检验时间的通知，又未按时参加，承包人为了不延误施工可以单独进行检查和试验，将记录送交监理人后可继续施工。此次检查或验视为监理人在场情况下进行，监理人应签字确认

（2）监理人指示的检验和试验

①材料、设备和工程的重新检验和试验：监理人对承包人的试验和检验结果有疑问，或为查清承包人试验和检验成果的可靠性要求承包人重新试验和检验时，由监理人承包人共同进行。重新试验和检验的结果证明该项材料、工程设备或工程的质量不符合合同要求，由此增加的费用和（或）工期延误由承包人承担；重新试验和检验结果证明符合合同要求，由发包人承担由此增加的费用和（或）工期延误，并支付承包人合理利润

②隐蔽工程的重新检验：监理人对已覆盖的隐蔽工程部位质量有疑问时，可要求承包人对已覆盖的部位进行钻孔探测或揭开重新检验，承包人应遵照执行，并在检验后重新覆盖恢复原状。

经检验证明工程质量符合合同要求，由发包人承担由此增加的费用和（或）工期延误，并支付承包人合理利润；经检验证明工程质量不符合合同要求，由此增加的费用和（或）工期延误由承包人承担

重点提示：重点内容，考查过分析判断题

核心考点4　施工质量管理——对发包人提供的材料和工程设备管理（必考指数★★）

发包人应按照监理人与合同双方当事人商定的交货日期，向承包人提交材料和工程设备，并在到货7天前通知承包人。承包人会同监理人在约定的时间内，在交货地点共同进行验收。

发包人提供的材料和工程设备验收后，由承包人负责接收、保管和施工现场内的二次搬运所发生的费用

核心考点5　施工质量管理——对承包人施工设备的控制（必考指数★★）

承包人使用的施工设备不能满足合同进度计划或质量要求时，监理人有权要求承包人增加或更换施工设备，增加的费用和工期延误由承包人承担。

承包人的施工设备和临时设施应专用于合同工程，未经监理人同意，不得将施工设备和临时设施中的任何部分运出施工场地或挪作他用。

核心考点6　工程款支付管理（必考指数★★）

项目		内容
外部原因引起的合同价格调整		(1)物价浮动的变化。 (2)法律法规的变化：基准日后，因法律、法规变化导致承包人的施工费用发生增减变化时，监理人采用商定或确定的方式对合同价款进行调整
工程量计量		单价子目已完成工程量按月计量；总价子目的计量周期按批准承包人的支付分解报告确定
工程进度款的支付	进度付款申请单	承包人应在每个付款周期末，按监理人批准的格式和专用条款约定的份数，向监理人提交进度付款申请单，并附相应的支持性证明文件
	进度款支付证书	监理人在收到承包人进度付款申请单以及相应的支持性证明文件后的14天内完成核查。经发包人审查同意后，由监理人向承包人出具经发包人签认的进度付款证书
	进度款的支付	发包人应在监理人收到进度付款申请单后的28天内，将进度应付款支付给承包人

核心考点 7　不可抗力（必考指数★★★）

项目		内容
不可抗力事件		不可抗力是指承包人和发包人在订立合同时不可预见，在工程施工过程中不可避免发生并不能克服的自然灾害和社会性突发事件，如地震、海啸、瘟疫、水灾、骚乱、暴动、战争和专用合同条款约定的其他情形
不可抗力发生后的管理	通知并采取措施	合同一方当事人遇到不可抗力事件时，应立即通知合同另一方当事人和监理人。 不可抗力发生后，发包人和承包人均应采取措施尽量避免和减少损失的扩大，任何一方没有采取有效措施导致损失扩大的，应对扩大的损失承担责任
	不可抗力造成的损失**【重点考查内容】**	根据《标准施工招标文件》，除专用合同条款另有约定外，不可抗力导致的人员伤亡、财产损失、费用增加和(或)工期延误等后果，由合同双方按以下原则承担：**【谁的损失谁承担】** (1)永久工程，包括已运至施工场地的材料和工程设备的损害，以及因工程损害造成的第三者人员伤亡和财产损失由发包人承担； (2)承包人设备的损坏由承包人承担； (3)发包人和承包人各自承担其人员伤亡和其他财产损失及其相关费用； (4)承包人的停工损失由承包人承担，但停工期间应监理人要求照管工程和清理、修复工程的金额由发包人承担； (5)不能按期竣工的，应合理延长工期，承包人不需支付逾期竣工违约金。发包人要求赶工的，承包人应采取赶工措施，赶工费用由发包人承担
因不可抗力解除合同		合同一方当事人因不可抗力导致不可能继续履行合同义务时，应当及时通知对方解除合同。合同解除后，承包人应撤离施工场地。 合同解除后，已经订货的材料、设备由订货方负责退货或解除订货合同，不能退还的货款和因退货、解除订货合同发生的费用，由发包人承担，因未及时退货造成的损失由责任方承担

重点提示：

不可抗力的损失一般结合索赔管理进行考查，考核题型是：(1) 分析判断改错题；(2) 直接问答型题目；(3) 索赔费用计算题。

第四节　索赔管理和工程变更管理

核心考点 1　工期和费用是否可以索赔的判断及理由（必考指数★★★）

序号	事件	工期	费用	理由
1	施工单位在土方开挖过程中遇到地质勘探未探明的孤石，排除孤石拖延了一定的时间	√	√	预先无法估计的不利物质条件，属于甲方应承担的风险
2	施工单位在土方开挖过程中遇到地质勘探未探明的孤石，排除孤石拖延了 2 天的时间(该工作总时差为 0)或(该工作为关键工作)或(该工作总时差为 1 天)	√	√	预先无法估计的不利物质条件，属于甲方应承担的风险，可以索赔费用；延误的时间超出总时差，影响工期，可以索赔工期
3	施工单位在土方开挖过程中遇到地质勘探未探明的孤石，排除孤石拖延了 2 天的时间(该工作总时差为 2 天)或(该工作总时差为 5 天)	×	√	预先无法估计的不利物质条件，属于甲方应承担的风险，可以索赔费用；延误的时间没有超出总时差，不影响工期，不可以索赔工期
4	施工单位为保证夯实质量将夯实范围适当扩大	×	×	施工单位保证施工质量的技术措施
5	为保证施工质量，承包商将某工作的原尺寸扩大，造成工程量增加	×	×	保证施工质量的技术措施费应已包括在合同价中

序号	事件	工期	费用	理由
6	鉴于该工程工期紧张，经甲方代表同意在安装设备作业过程中采取了加快施工的技术组织措施，使作业时间缩短2天，增加费用1万元	×	×	因赶工而发生的施工技术组织措施费应由乙方承担
7	应甲方要求，乙方在某项工作施工过程中，采取了加快施工的技术组织措施，使作业时间缩短2天，增加费用1万元	×	×	因赶工而发生的施工技术组织措施费应由乙方承担
8	招标文件中提供的用砂地点距工地5km，开工后检查该砂的质量不符合要求，承包商只得从另一距工地15km的供砂地点采购	×	×	(1)承包商应对自己就招标文件的解释负责。 (2)承包商应对自己报价的正确性与完备性负责。 (3)作为一个有经验的承包商可以通过现场踏勘确认招标文件提供的用砂质量是否合格，若承包商没有通过现场踏勘发现用砂质量问题，其相关风险应由承包商承担
9	10月20日至10月23日因砂浆搅拌机发生从未出现过的故障，致使抹灰推迟开工	×	×	属于承包商自身原因造成的
10	在电缆敷设时，因乙方购买的电缆线材质量不合格，甲方代表令乙方重新购买合格线材，造成人工增加和材料损失，作业时间延长4天	×	×	乙方应对自己购买的材料质量和完成的产品质量负责
11	在主体施工过程中，由于乙方租赁的大模板未能及时进场，造成人员窝工	×	×	责任在乙方
12	在某工程施工时，乙方的劳务分包队未能及时进场，造成施工时间拖延8天	×	×	劳务分包队未能及时进场属于乙方的责任

序号	事件	工期	费用	理由
13	承包商由于工作 A 施工质量问题,监理工程师下达了停工令暂停施工,并进行返工 1 周,造成返工费用 2 万元	×	×	发生质量问题的责任在承包商
14	因施工单位原因造成工程质量事故,返工使工期延长 5 天,增加费用 5 万元	×	×	发生质量事故的责任在承包商
15	由于测量人员操作不当造成施工控制网数据异常,承包人进行了测量修正,修正费用 0.5 万元,增加工作时间 2 天	×	×	测量人员操作不当是承包人责任
16	施工单位在施工过程中遇到数天季节性大雨	×	×	有经验的承包商预先能够合理估计的因素
17	施工单位在施工过程中遇到罕见的(难以预料的)特大暴雨	√	×	(1)属于异常恶劣的气候条件 (2)属于双方共同的风险
18	施工单位在施工过程中遇到特大暴雨引发山洪暴发(山体滑坡、泥石流)	√	√	属于不可抗力事件
19	施工单位在施工过程中遇到数天季节性大雨后又转为特大暴雨引发山洪暴发(山体滑坡、泥石流)	×	×	前期的季节性大雨是一个有经验的承包商预先能够合理估计的因素
		√	√	后期的特大暴雨引发山洪暴发属于不可抗力事件
20	施工单位在施工过程中遇到连续降雨导致停工 15 天,其中 6 天的降雨强度超过专用条款约定的标准延长合同工期的条件	√	√	6 天的停工或施工效率降低的损失由业主承担
		×	×	9 天的停工或施工效率降低的损失由施工单位承担
21	工作 C 由于连续降雨累计 1 个月,其中 0.5 个月的日降雨量超过当地 30 年气象资料记载的最大强度	×	×	0.5 个月属于承包单位应承担的风险
		√	√	0.5 个月属于有经验承包单位不能合理预见的

序号	事件	工期	费用	理由
22	工作A开始后，遇到百年一遇的洪水影响，停工1个月，损失合计25万元	√	√	属于不可抗力
23	施工单位在施工过程中遇到合同中未标明有坚硬岩石的地方遇到更多的坚硬岩石	√	√	属于不利的物质条件，是业主应承担的风险
24	在工作A施工过程中，发现局部有软弱下卧层，按甲方代表指示，乙方配合地质复查，配合用工10个工日，使工作A的作业时间延长5天	√	√	地质条件变化属于甲方应承担的风险
25	基坑开挖后发现地下情况和发包商提供的地质资料不符，有古河道，造成人员窝工，并需进行二次处理	√	√	地质条件变化属于甲方应承担的风险
26	桩基施工时遇地下溶洞(地质勘探未探明)，由此造成工期延误20日历天，误工费20万元	√	√	地下溶洞勘探未探明属建设单位责任
27	由于施工现场场外道路未按约定时间开通，致使施工单位无法按期开工，造成损失3万元	√	√	场外道路没有开通属于建设单位的责任
28	施工单位在施工过程中发现较有价值的出土文物	√	√	发现文物，是业主应承担的风险
29	施工单位在施工过程中发现较有价值的化石	√	√	发现化石，是业主应承担的风险
30	施工单位在施工过程中发现有研究价值的古墓	√	√	发现古墓，是业主应承担的风险
31	业主未能按合同约定停工充分的场地条件，使某工作时间延长，并造成人员和机械窝工	√	√	由于业主未能完全履行合同约定义务的责任事件造成的，其时间和费用损失应由业主承担

序号	事件	工期	费用	理由
32	施工中发现因发包人提供的某基准线不准确，监理人指示承包人对发包人提供的基准点、基准线进行复核和测量，产生费用共计 3 万元，增加工作时间 5 天	√	√	发包人提供的基准线不准确是发包人责任
33	应于 8 月 12 日交给承包商的后续图纸直到 8 月 30 日才交给承包商	√	√	是业主的责任
34	在钢筋绑扎时，因业主提供的钢筋未到，致使某工作从 10 月 13 日到 10 月 16 日停工	√	√	由于业主原因造成的
35	设备安装过程中，甲方采购的制冷机组因质量问题退换货，造成丙方 12 名工人窝工 3 天，租赁的施工机械闲置 3 天	√	√	设备由甲方购买，其质量问题导致费用损失应由甲方负责
36	由于设计变更，某工作的工程量由招标文件的 $300m^3$ 增至 $350m^3$	√	√	设计变更是业主的责任
37	业主指令增加一项临时作业	√	√	业主的责任
38	因某项工作的原设计尺寸不当，甲方代表要求拆除已施工的工程，重新施工	√	√	设计位置变化是甲方的责任
39	建设单位要求进行结构变更，延误工期 15 日历天，误工费 25 万元	√	√	结构变更属建设单位责任
40	建设单位提供的地质资料预测，E 工作需穿过一断层破碎带。在实际施工中，E 工作较地质资料数据提前 8m 揭露该断层破碎带，造成工作面突水，增加费用 20 万元，工期延误 1 个月	×	×	建设单位提供的断层破碎带位置与实际偏差不大，破碎带涌水属于施工单位应该承担的风险

序号	事件	工期	费用	理由
41	工程主体完工1个月后，总包单位为配合开发商自行发包的燃气等专业工程施工，总包单位租赁的脚手架留置比计划延长2个月拆除	×	√	在合同中总包单位计取的是总包管理费，是对工程施工现场协调、管理、竣工资料汇总等所需的费用，并没有计取配合费用
42	本工程设计采用了某种新材料，总包单位为此支付给检测单位检验试验费15万元	×	√	清单计价中记取的检验试验费是对建筑、材料等进行的一般性鉴定，不包括对新结构、新材料的检验试验费
43	施工单位以经总监批准的围堰施工方案，基坑初期排水过程中，发生围堰边坡坍塌事故，处理坍塌边坡增加费用1万元，增加工作时间10天(设计和施工均由施工单位负责)	×	×	因为围堰设计和施工均由施工单位负责，总监审核施工方案不能解除承包人的责任
44	A工作因围岩破碎严重，经建设单位同意增加了钢棚支护，费用增加8万元，工期延误2个月	√	√	增加钢棚支护已经建设单位同意
45	在某工作结束后，甲方代表对已经隐蔽的电气暗管敷设的位置是否准确有疑义，要求乙方剥漏检查，检查结果为某部位的偏差超出了规范允许的范围	×	×	乙方应对自己完成的产品质量负责
46	在某工作结束后，甲方代表对已经隐蔽的电气暗管敷设的位置是否准确有疑义，要求乙方剥漏检查，检查结果为某部位的偏差没有超出规范允许的范围	√	√	重新检验结果为合格，造成的损失由甲方承担
47	10月17日至10月19日因供电中断使某一工作停工	√	√	由于业主原因造成的

序号	事件	工期	费用	理由
48	10月17日至10月19日因供水中断使某一工作停工	√	√	由于业主原因造成的
49	业主将降水工程另行发包，由于降水方案错误，致使承包商的某工作推迟2天，承包商人员配合用工5个工日，窝工6个工日	√	√	降水工程另行发包，是甲方的责任
50	工作A由于分包单位施工的工程质量不合格造成返工	×	×	分包单位施工应由总承包单位负责管理，因此，分包单位施工质量导致的损失按合同约定属于承包单位承担责任的范围
51	由于工人返乡农忙原因导致工期拖延2个月	×	×	工人返乡农忙属于施工单位责任范围
52	某设备主机由建设单位采购，配套辅机由施工单位采购，由于设备制造原因试车未通过，费用增加1万元，时间增加1天	√	√	是建设单位的责任
53	某设备主机由建设单位采购，配套辅机由施工单位采购，由于设计原因试车未通过，费用增加1万元，时间增加1天	√	√	是建设单位的责任
54	某设备主机由建设单位采购，配套辅机由施工单位采购，由于安装工艺原因试车未通过，费用增加1万元，时间增加1天	×	×	是施工单位的责任
55	某设备主机由建设单位采购，配套辅机由施工单位采购，由于安装质量事故试车未通过，费用增加1万元，时间增加1天	×	×	是施工单位的责任

序号	事件	工期	费用	理由
56	某设备主机由建设单位采购，配套辅机由施工单位采购，由于建设单位指令错误试车未通过，费用增加1万元，时间增加1天	√	√	是建设单位的责任

> **重点提示：**
> 上表中所述事件是根据历年考试中的试题总结而来，考生需要在理解的基础上记忆。

核心考点2　工期索赔的计算（必考指数★★★）

（1）单个事件的工期索赔计算：在计算工期索赔值前，我们需要确定发生事件后影响到的工作是否在关键线路上，如果在关键线路上，延误多少时间就可以提出多少时间的补偿；如果不在关键线路上，我们还需要计算该工作的总时差，延误的时间超过总时差多少时间就补偿多少时间。

（2）总工期索赔天数的计算：是需要将可以提出工期索赔的事件导致的拖延时间均加到相应的工作的持续时间上，重新计算工期，再减去计划工期，结果如果大于0，该结果就是索赔的天数，如果小于等于0，就说明得不到工期的补偿。

核心考点3　费用索赔的计算（必考指数★★★）

涉及费用	人工窝工费	机械窝工费	新增人材机
什么时候可索赔	可索赔事件造成人员停工	可索赔事件造成机械停工	新增工作需要人员、机械、材料
补偿标准	人工降效费（人工窝工费）	自有——台班折旧费（停滞台班费）	人材机全费用
		租赁——台班租赁费	
	人工工日单价×降效系数	按台班单价的一定比例（%）	

核心考点 4　不可抗力的 10 个事件（必考指数★★★）

【事件 1】专用合同条款中约定：6 级以上大风、大雨、大雪、地震等自然灾害按不可抗力因素处理。

【事件 2】在工程施工到第 38 天时，当地发生 6.5 级地震。

【事件 3】特大暴雨引发山洪暴发。

【事件 4】特大暴雨引发山体滑坡。

【事件 5】特大暴雨引发泥石流。

【事件 6】工作 A 开始后，遇到百年一遇的洪水影响，停工 1 个月，损失合计 25 万元。

【事件 7】由于施工现场出现特大龙卷风，造成施工材料和机械损失 38 万元。

【事件 8】非承包人原因造成的爆炸、火灾。

【事件 9】在施工过程中，新型冠状病毒肺炎疫情发生，政府要求停工。

【事件 10】海啸、瘟疫、骚乱、戒严、暴动、战争。

核心考点 5　不可抗力事件发生后的费用承担（必考指数★★★）

费用	发包人承担	承包人承担
工程本身的损害、因工程损害导致第三方人员伤亡和财产损失以及运至施工场地用于施工的材料和待安装的设备的损害，由发包人承担	被冲坏的已施工的主体工程工程本身的损失 250 万元	
	待安装设备的损失 200 万元	
	被冲走得施工材料损失 50 万元	
	监理单位人员受伤所需医疗费及补偿费预计 20 万元	
	监理单位由于工程的设备损失 10 万元	
发包人、承包人人员伤亡由其所在单位负责，并承担相应费用		受伤的施工人员治疗费用 10 万元 总承包单位人员烧伤所需医疗费及补偿费预计 45 万元

费用	发包人承担	承包人承担
发包人、承包人人员伤亡由其所在单位负责，并承担相应费用		造成人员窝工损失6万元
		机械和设备闲置损失9万元 造成其他施工机械闲置损失6万元
	被冲坏的业主施工现场办公用房	被冲坏的承包商施工现场办公用房
	被冲坏的业主提供的道路	被冲坏的承包商自行接引的道路
	被冲坏的业主提供的管线	被冲坏的承包商自行接引的管线
承包人的施工机械设备损坏及停工损失，由承包人承担		损坏的自有施工机械、设备价值100万元
		租赁的施工设备损坏赔偿10万元
发包人要求赶工的，由此增加的赶工费用由发包人承担	为了按期完成工程，发包人要求承包人赶工，增加赶工费用30万元	
停工期间，承包人应发包人要求留在施工场地的必要的管理人员及保卫人员的费用由发包人承担	工程照管发生费用20万元 停工期间的安全保卫人员费用支出10万元	
工程所需清理、修复费用，由发包人承担	工程清理发生费用18万元 工程修复作业发生的费用为30万元 工程所需清理、修复费用200万元	
	直接投入抢险费用50万元	

核心考点6 承包人的索赔（必考指数★★）

项目	内容
承包人提出索赔要求**【该知识点进行过考查，需注意时限28天及承包人向监理人递交的文件】**	承包人应在引起索赔事件发生后28天内，向监理人递交索赔意向通知书，并说明发生索赔事件的事由；承包人未在前述28天内发出索赔意向通知书的，丧失要求追加付款和（或）延长工期的权利。 承包人应在发出索赔意向通知书后28天内，向监理人正式递交索赔通知书，详细说明索赔理由以及要求追加的付款金额和（或）延长的工期，并附必要的记录和证明材料。 索赔事件具有持续影响的，承包人应按合理时间间隔继续递交延续索赔通知，说明持续影响的实际情况和记录，列出累计的追加付款金额和（或）工期延长天数。 在索赔事件影响结束后28天内，承包人应向监理人递交最终索赔通知书，说明最终要求索赔的追加付款金额和（或）延长的工期，并附必要的记录和证明材料
监理人处理索赔	监理人收到承包人提交的索赔通知书后，应及时审查索赔通知书的内容、查验承包人的记录和证明材料，必要时监理人可要求承包人提交全部原始记录副本
承包人提出索赔的期限	竣工阶段发包人接受了承包人提交并经监理人签认的竣工付款证书后，承包人不能再对施工阶段、竣工阶段的事项提出索赔要求。 缺陷责任期满承包人提交的最终结清申请单中，只限于提出工程接收证书颁发后发生的索赔。提出索赔的期限至发包人接受最终结清证书时止，即合同终止后承包人就失去索赔的权利

核心考点7 工程变更的范围（必考指数★★）

根据《标准施工合同》，除专用合同条款另有约定外，在履行合同中发生以下情形之一，应按照本条规定进行变更。

（1）取消合同中任何一项工作，但被取消的工作不能转由发包人或其他人实施；

（2）改变合同中任何一项工作的质量或其他特性；

（3）改变合同工程的基线、标高、位置或尺寸；

（4）改变合同中任何一项工作的施工时间或改变已批准的施工工艺或顺序；

（5）为完成工程需要追加的额外工作。

核心考点 8　监理人指示变更（必考指数★）

项目	内容
直接指示的变更	属于必须实施的变更，不需征求承包人意见，监理人经过发包人同意后可直接发出变更指示要求承包人完成变更工作
与承包人协商后确定变更	属于可能发生的变更，与承包人协商后再确定是否实施变更。程序如下： (1)监理人首先向承包人发出变更意向书，说明变更的具体内容、完成变更的时间要求等，并附必要的图纸和相关资料。 (2)承包人收到监理人的变更意向书后，如果同意实施变更，则向监理人提出书面变更建议。建议书的内容包括提交包括拟实施变更工作的计划、措施、竣工时间等内容的实施方案以及费用和(或)工期要求。若承包人收到监理人的变更意向书后认为难以实施此项变更，也应立即通知监理人，说明原因并附详细依据。如不具备实施变更项目的施工资质、无相应的施工机具等原因或其他理由。 (3)监理人审查承包人的建议书。承包人根据变更意向书要求提交的变更实施方案可行并经发包人同意后，发出变更指示。如果承包人不同意变更，监理人与承包人和发包人协商后确定撤销、改变或不改变变更意向书

核心考点 9　承包人申请变更（必考指数★）

承包人建议的变更	承包人要求的变更
(1)承包人对发包人提供的图纸、技术要求以及其他方面，提出了可能降低合同价格、缩短工期或者提高工程经济效益的合理化建议，均应以书面形式提交监理人。合理化建议书的内容应包括建议工作的详细说明、进度计划和效益以及与其他工作的协调等，并附必要的设计文件	(1)承包人收到监理人按合同约定发出的图纸和文件，经检查认为其中存在属于变更范围的情形，如提高了工程质量标准、增加工作内容、工程的位置或尺寸发生变化等，可向监理人提出书面变更建议。变更建议应阐明要求变更的依据，并附必要的图纸和说明

承包人建议的变更	承包人要求的变更
(2)监理人与发包人协商是否采纳承包人提出的建议。建议被采纳并构成变更的,监理人向承包人发出变更指示	(2)监理人收到承包人的书面建议后,应与发包人共同研究,确认存在变更的,应在收到承包人书面建议后的14天内做出变更指示。经研究后不同意作为变更的,由监理人书面答复承包人
(3)承包人提出的合理化建议使发包人获得了降低工程造价、缩短工期、提高工程运行效益等实际利益,应按专用合同条款中的约定给予奖励	—

考核形式小结:

在背景资料中表述某个事件需要进行工程变更,然后让考生说明其变更处理程序。

核心考点10　项目监理机构处理工程变更的要求(必考指数★★)

(1)项目监理机构可对建设单位要求的工程变更提出评估意见,并应督促施工单位按会签后的工程变更单组织施工。

(2)项目监理机构应在工程变更实施前与建设单位、施工单位等协商确定工程变更的计价原则、计价方法或价款。

(3)建设单位与施工单位未能就工程变更费用达成协议时,项目监理机构应提出一个暂定价格并经建设单位同意,建设单位作为临时支付工程款的依据。工程变更款项最终结算时,应以建设单位与施工单位达成的协议为依据。

核心考点 11　变更估价（必考指数★★）

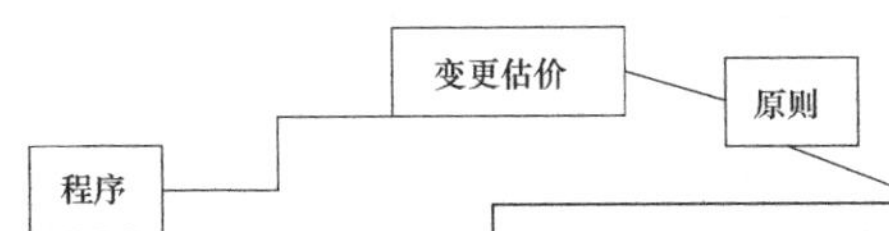

程序：

承包人应在收到变更指示或变更意向书后的14天内，向监理人提交变更报价书，详细开列变更工作的价格组成及其依据，并附必要的施工方法说明和有关图纸。变更工作如果影响工期，承包人应提出调整工期的具体细节。

监理人收到承包人变更报价书后的14天内，根据合同约定的估价原则，商定或确定变更价格

原则：

根据《标准施工招标文件》，除专用合同条款另有约定外，因变更引起的价格调整按照本款约定处理：

15.4.1 已标价工程量清单中有适用于变更工作的子目的，采用该子目的单价。

15.4.2 已标价工程量清单中无适用于变更工作的子目，但有类似子目的，可在合理范围内参照类似子目的单价，由监理人按第3.5款商定或确定变更工作的单价。

15.4.3 已标价工程量清单中无适用或类似子目的单价，可按照成本加利润的原则，由监理人按第3.5款商定或确定变更工作的单价

核心考点 12　不利物质条件的影响（必考指数★★）

承包人遇到不利物质条件时，应采取适应不利物质条件的合理措施继续施工，并通知监理人。

监理人应当及时发出指示，构成变更的，按变更对待。监理人没有发出指示，承包人因采取合理措施而增加的费用和工期延误，由发包人承担

第五节　设备采购合同履行管理

核心考点 1　合同价格与支付（必考指数★）

项目		内容
合同价格		合同协议书中载明的签约合同价包括卖方为完成合同全部义务应承担的一切成本、费用和支出以及卖方的合理利润。除专用合同条款另有约定外，签约合同价为固定价格
合同价款的支付	预付款	合同生效后，买方在收到卖方开具的注明应付预付款金额的财务收据正本一份并经审核无误后28日内，向卖方支付签约合同价的10%作为预付款。买方支付预付款后，如卖方未履行合同义务，则买方有权收回预付款；如卖方依约履行了合同义务，则预付款抵作合同价款

项目		内容
合同价款的支付	交货款	卖方按合同约定交付全部合同设备后，买方在收到卖方提交的下列全部单据并经审核无误后28日内，向卖方支付合同价格的60%：(1)卖方出具的交货清单正本一份；(2)买方签署的收货清单正本一份；(3)制造商出具的出厂质量合格证正本一份；(4)合同价格100%金额的增值税发票正本一份
	验收款	买方在收到卖方提交的买卖双方签署的合同设备验收证书或已生效的验收款支付函正本一份并经审核无误后28日内，向卖方支付合同价格的25%
	结清款	买方在收到卖方提交的买方签署的质量保证期届满证书或已生效的结清款支付函正本一份并经审核无误后28日内，向卖方支付合同价格的5%。如果依照合同约定，卖方应向买方支付费用的，买方有权从结清款中直接扣除该笔费用。除专用合同条款另有约定外，在买方向卖方支付验收款的同时或其后的任何时间内卖方可在向买方提交买方可接受的金额为合同价格5%的合同结清款保函的前提下，要求买方支付合同结清款，买方不得拒绝
买方扣款的权利		当卖方应向买方支付合同项下的违约金或赔偿金时，买方有权从上述任何一笔应付款中予以直接扣除和(或)兑付履约保证金

核心考点2　监造及交货前检验（必考指数★★）

项目	内容
监造	专用合同条款约定买方对合同设备进行监造的，双方应按本款及专用合同条款约定履行。在合同设备的制造过程中，买方可派出监造人员，对合同设备的生产制造进行监造，监督合同设备制造、检验等情况。**【此处考查过分析判断题】** 买方监造人员在监造中如发现合同设备及其关键部件不符合合同约定的标准，则有权提出意见和建议。卖方应采取必要措施消除合同设备的不符，由此增加的费用和(或)造成的延误由卖方负责。 买方监造人员对合同设备的监造，不视为对合同设备质量的确认，不影响卖方交货后买方依照合同约定对合同设备提出质量异议和(或)退货的权利，也不免除卖方依照合同约定对合同设备所应承担的任何义务或责任

项目	内容
交货前检验	专用合同条款约定买方参与交货前检验的，合同设备交货前，卖方应会同买方代表根据合同约定对合同设备进行交货前检验并出具交货前检验记录，有关费用由卖方承担。卖方应免费为买方代表提供工作条件及便利，包括但不限于必要的办公场所、技术资料、检测工具及出入许可等。除专用合同条款另有约定外，买方代表的交通、食宿费用由买方承担。 买方代表在检验中如发现合同设备不符合合同约定的标准，则有权提出异议。卖方应采取必要措施消除合同设备的不符，由此增加的费用和(或)造成的延误由卖方负责。 买方代表参与交货前检验及签署交货前检验记录的行为，不视为对合同设备质量的确认，不影响卖方交货后买方依照合同约定对合同设备提出质量异议和(或)退货的权利，也不免除卖方依照合同约定对合同设备所应承担的任何义务或责任

第三章　建设工程质量控制

第一节　工程参建各方质量责任和义务

核心考点1　建设单位的质量责任和义务（必考指数★★★）

《建设工程质量管理条例》	
第七条	建设单位应当将工程发包给具有相应资质等级的单位。建设单位不得将建设工程肢解发包
第八条	建设单位应当依法对工程建设项目的勘察、设计、施工、监理以及与工程建设有关的重要设备、材料等的采购进行招标
第九条	建设单位必须向有关的勘察、设计、施工、工程监理等单位提供与建设工程有关的原始资料。原始资料必须真实、准确、齐全
第十条	建设工程发包单位不得迫使承包方以低于成本的价格竞标，不得任意压缩合理工期。建设单位不得明示或者暗示设计单位或者施工单位违反工程建设强制性标准，降低建设工程质量
第十一条	施工图设计文件审查的具体办法，由国务院建设行政主管部门、国务院其他有关部门制定。施工图设计文件未经审查批准的，不得使用
第十二条	实行监理的建设工程，建设单位应当委托具有相应资质等级的工程监理单位进行监理，也可以委托具有工程监理相应资质等级并与被监理工程的施工承包单位没有隶属关系或者其他利害关系的该工程的设计单位进行监理。下列建设工程必须实行监理： （1）国家重点建设工程； （2）大中型公用事业工程； （3）成片开发建设的住宅小区工程； （4）利用外国政府或者国际组织贷款、援助资金的工程； （5）国家规定必须实行监理的其他工程
第十三条	建设单位在开工前，应当按照国家有关规定办理工程质量监督手续，工程质量监督手续可以与施工许可证或者开工报告合并办理

《建设工程质量管理条例》	
第十四条	按照合同约定,由建设单位采购建筑材料、建筑构配件和设备的,建设单位应当保证建筑材料、建筑构配件和设备符合设计文件和合同要求。 建设单位不得明示或者暗示施工单位使用不合格的建筑材料、建筑构配件和设备
第十五条	涉及建筑主体和承重结构变动的装修工程,建设单位应当在施工前委托原设计单位或者具有相应资质等级的设计单位提出设计方案;没有设计方案的,不得施工。 房屋建筑使用者在装修过程中,不得擅自变动房屋建筑主体和承重结构
第十六条	建设单位收到建设工程竣工报告后,应当组织设计、施工、工程监理等有关单位进行竣工验收。建设工程竣工验收应当具备下列条件: (1)完成建设工程设计和合同约定的各项内容; (2)有完整的技术档案和施工管理资料; (3)有工程使用的主要建筑材料、建筑构配件和设备的进场试验报告; (4)有勘察、设计、施工、工程监理等单位分别签署的质量合格文件; (5)有施工单位签署的工程保修书。 建设工程经验收合格的,方可交付使用
第十七条	建设单位应当严格按照国家有关档案管理的规定,及时收集、整理建设项目各环节的文件资料,建立、健全建设项目档案,并在建设工程竣工验收后,及时向建设行政主管部门或者其他有关部门移交建设项目档案

核心考点 2　勘察单位的质量责任和义务（必考指数★）

根据《建设工程质量管理条例》和《建筑工程勘察单位项目负责人质量安全责任七项规定（试行）》，勘察单位的质量责任和义务是：

（1）应当依法取得相应等级的资质证书，并在其资质等级许可的范围内承揽工程。禁止超越其资质等级许可的范围或者以其他勘察单位的名义承揽工程。禁止允许其他单位或者个人以本单位的名义承揽工程。不得转包或者违法分包所承揽的工程。

（2）必须按照工程建设强制性标准进行勘察，并对其勘查的质量负责。

（3）提供的地质、测量、水文等勘察成果必须真实、准确。

（4）应当对勘察后期服务工作负责。

组织相关勘察人员及时解决工程设计和施工中与勘察工作有关的问题；组织参与施工验槽；组织勘察人员参加工程竣工验收，验收合格后在相关验收文件上签字，对城市轨道交通工程，还应参加单位工程、项目工程验收并在验收文件上签字；组织勘察人员参与相关工程质量安全事故分析，并对因勘察原因造成的质量安全事故，提出与勘察工作有关的技术处理措施。

核心考点3　设计单位的质量责任和义务（必考指数★）

根据《建设工程质量管理条例》和《建设工程勘察设计管理条例》，设计单位的质量责任和义务是：

（1）应当依法取得相应等级的资质证书，并在其资质等级许可的范围内承揽工程。禁止超越其资质等级许可的范围或者以其他设计单位的名义承揽工程、禁止允许其他单位或者个人以本单位的名义承揽工程，不得转包或者违法分包所承揽的工程。

（2）必须按照工程建设强制性标准进行设计，并对其设计的质量负责。注册建筑师、注册结构工程师等注册执业人员应当在设计文件上签字，对设计文件负责。

应当依据有关法律法规、项目批准文件、城乡规划、设计合同（包括设计任务书）组织开展工程设计工作。

（3）应当根据勘察成果文件进行建设工程设计。设计文件应当符合国家规定的设计深度要求，注明工程合理使用年限。

（4）在设计文件中选用的建筑材料、建筑构配件和设备，应当注明规格、型号、性能等技术指标，其质量要求必须符合国家规定的标准。除有特殊要求的建筑材料、专用设备、工艺生产线等外，不得指定生产、供应商。

（5）应当就审查合格的施工图设计文件向施工单位做出详细说明。

应当在施工前就审查合格的施工图设计文件，组织设计人员同施工及监理单位做出详细说明；组织设计人员解决施工中出现的设计问题。不得在违反强制性标准或不满足设计要求的变更文件上签字。应当组织设计人员参加建筑工程竣工验收，验收合格后在相关验收文件上签字。

（6）应当参与建设工程质量事故分析，并对因设计造成的质量事故，提出相应的技术处理方案。

核心考点 4　施工单位的质量责任和义务（必考指数★★★）

《建设工程质量管理条例》	
第二十五条	施工单位应当依法取得相应等级的资质证书，并在其资质等级许可的范围内承揽工程。 禁止施工单位超越本单位资质等级许可的业务范围或者以其他施工单位的名义承揽工程。禁止施工单位允许其他单位或者个人以本单位的名义承揽工程。 施工单位不得转包或者违法分包工程**【此处考查过分析判断类型的题目】**
第二十六条	施工单位对建设工程的施工质量负责。 施工单位应当建立质量责任制，确定工程项目的项目经理、技术负责人和施工管理负责人。 建设工程实行总承包的，总承包单位应当对全部建设工程质量负责；建设工程勘察、设计、施工、设备采购的一项或者多项实行总承包的，总承包单位应当对其承包的建设工程或者采购的设备的质量负责
第二十七条	总承包单位依法将建设工程分包给其他单位的，分包单位应当按照分包合同的约定对其分包工程的质量向总承包单位负责，总承包单位与分包单位对分包工程的质量承担连带责任
第二十八条	施工单位必须按照工程设计图纸和施工技术标准施工，不得擅自修改工程设计，不得偷工减料。 施工单位在施工过程中发现设计文件和图纸有差错的，应当及时提出意见和建议

《建设工程质量管理条例》	
第二十九条	施工单位必须按照工程设计要求、施工技术标准和合同约定，对建筑材料、建筑构配件、设备和商品混凝土进行检验，检验应当有书面记录和专人签字；未经检验或者检验不合格的，不得使用
第三十条	施工单位必须建立、健全施工质量的检验制度，严格工序管理，做好隐蔽工程的质量检查和记录。隐蔽工程在隐蔽前，施工单位应当通知建设单位和建设工程质量监督机构
第三十一条	施工人员对涉及结构安全的试块、试件以及有关材料，应当在建设单位或者工程监理单位监督下现场取样，并送具有相应资质等级的质量检测单位进行检测
第三十二条	施工单位对施工中出现质量问题的建设工程或者竣工验收不合格的建设工程，应当负责返修
第三十三条	施工单位应当建立、健全教育培训制度，加强对职工的教育培训；未经教育培训或者考核不合格的人员，不得上岗作业

核心考点 5　工程监理单位的质量责任和义务（必考指数★★★）

《建设工程质量管理条例》	
第三十四条	工程监理单位应当依法取得相应等级的资质证书，并在其资质等级许可的范围内承担工程监理业务。 禁止工程监理单位超越本单位资质等级许可的范围或者以其他工程监理单位的名义承担工程监理业务。禁止工程监理单位允许其他单位或者个人以本单位的名义承担工程监理业务。 工程监理单位不得转让工程监理业务**【此处考查过分析判断类型的题目】**
第三十五条	工程监理单位与被监理工程的施工承包单位以及建筑材料、建筑构配件和设备供应单位有隶属关系或者其他利害关系的，不得承担该项建设工程的监理业务
第三十六条	工程监理单位应当依照法律、法规以及有关技术标准、设计文件和建设工程承包合同，代表建设单位对施工质量实施监理，并对施工质量承担监理责任

《建设工程质量管理条例》	
第三十七条	工程监理单位应当选派具备相应资格的总监理工程师和监理工程师进驻施工现场。 未经监理工程师签字，建筑材料、建筑构配件和设备不得在工程上使用或者安装，施工单位不得进行下一道工序的施工。未经总监理工程师签字，建设单位不拨付工程款，不进行竣工验收
第三十八条	监理工程师应当按照工程监理规范的要求，采取旁站、巡视和平行检验等形式，对建设工程实施监理

核心考点6　工程质量检测单位的质量责任和义务（必考指数★）

《建设工程质量检测管理办法》	
第十三条	质量检测试样的取样应当严格执行有关工程建设标准和国家有关规定，在建设单位或者工程监理单位监督下现场取样。提供质量检测试样的单位和个人，应当对试样的真实性负责
第十四条	检测机构完成检测业务后，应当及时出具检测报告。检测报告经检测人员签字、检测机构法定代表人或者其授权的签字人签署，并加盖检测机构公章或者检测专用章后方可生效。检测报告经建设单位或者工程监理单位确认后，由施工单位归档。 见证取样检测的检测报告中应当注明见证人单位及姓名
第十五条	任何单位和个人不得明示或者暗示检测机构出具虚假检测报告，不得篡改或者伪造检测报告
第十六条	检测人员不得同时受聘于两个或者两个以上的检测机构。 检测机构和检测人员不得推荐或者监制建筑材料、构配件和设备。 检测机构不得与行政机关，法律、法规授权的具有管理公共事务职能的组织以及所检测工程项目相关的设计单位、施工单位、监理单位有隶属关系或者其他利害关系

《建设工程质量检测管理办法》	
第十七条	检测机构不得转包检测业务。 检测机构跨省、自治区、直辖市承担检测业务的，应当向工程所在地的省、自治区、直辖市人民政府建设主管部门备案
第十八条	检测机构应当对其检测数据和检测报告的真实性和准确性负责。 检测机构违反法律法规和工程建设强制性标准，给他人造成损失的，应当依法承担相应的赔偿责任
第十九条	检测机构应当将检测过程中发现的建设单位、监理单位、施工单位违反有关法律、法规和工程建设强制性标准的情况，以及涉及结构安全检测结果的不合格情况，及时报告工程所在地建设主管部门
第二十条	检测机构应当建立档案管理制度。检测合同、委托单、原始记录、检测报告应当按年度统一编号，编号应当连续，不得随意抽撤、涂改。 检测机构应当单独建立检测结果不合格项目台账

考核形式小结：

该部分内容可能会考查：分析判断改错题、责任和义务归类题、简答类型的题目。

第二节 施工阶段质量控制

核心考点1 工程施工质量控制的依据（必考指数★）

包括：工程合同文件，工程勘察设计文件，有关质量管理方面的法律法规、部门规章与规范性文件，质量标准与技术规范（规程）四类

核心考点 2　工程施工质量控制的工作程序（必考指数★★★）

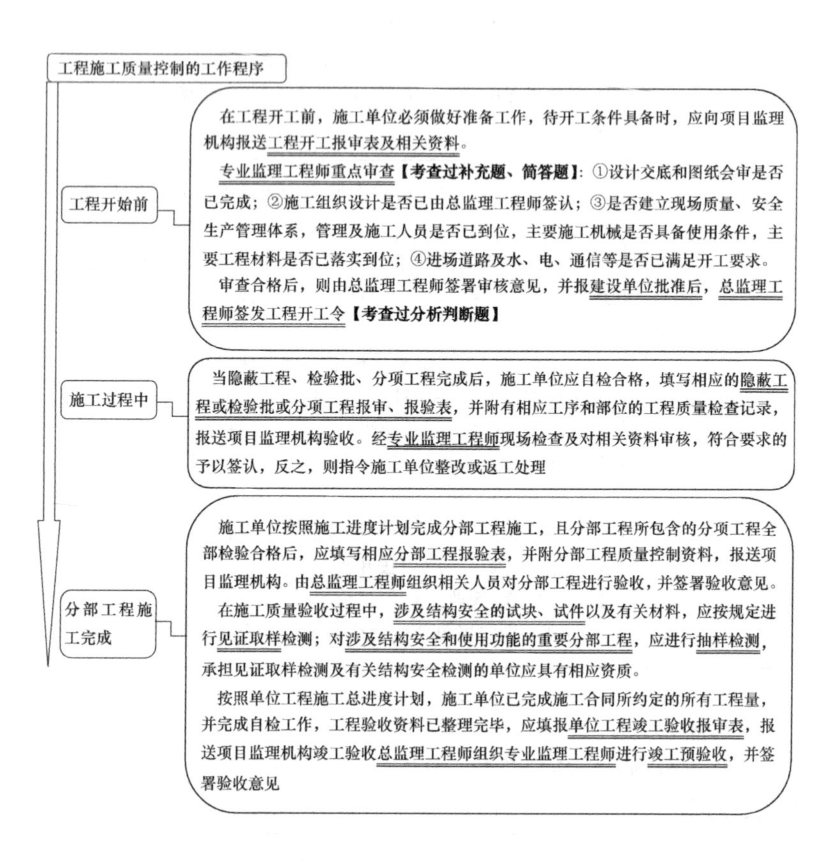

重点提示：

1. 列出了工程施工质量控制的工作程序的质量控制时间阶段，考生可根据质量控制时间阶段去记忆。尤其要注意各阶段相关人员的工作的不同，在考试的时候这些都是考查要点。

2. 该知识点会考查：分析判断题、改错题、简答类型的题目。

核心考点3　图纸会审与设计交底（必考指数★★★）

项目	内容
图纸会审	监理人员应熟悉工程设计文件，并应参加建设单位主持的图纸会审会议，会议纪要应由总监理工程师签认
设计交底**【考查过分析判断类型的题目】**	建设单位应在收到施工图设计文件后3个月内组织并主持召开工程施工图设计交底会。除建设单位、设计单位、监理单位、施工单位及相关部门（如质量监督机构）参加外，还可根据需要邀请特殊机械、非标设备和电气仪器制造厂商代表参加

考查形式小结：

背景资料中描述图纸会审与设计交底的相关事件，然后让考生判断该事件是否正确，不正确的还要求写出理由。注意，表格上述画下划线的部分为该知识点中的出题点。

核心考点4　施工组织设计审查（必考指数★★★）

项目监理机构应审查施工单位报审的施工组织设计，符合要求时，应由总监理工程师签认后报建设单位。施工组织设计需要调整时，项目监理机构应按程序重新审查。具体内容见下表。

项目	内容
施工组织设计审查的基本内容**【可以出直接问答型的题目，可以出补充类型的题目】**	(1)编审程序应符合相关规定。 (2)施工组织设计的基本内容是否完整，应包括编制依据、工程概况、施工部署、施工进度计划、施工准备与资源配置计划、主要施工方法、施工现场平面布置及主要施工管理计划等。 (3)工程进度、质量、安全、环境保护、造价等方面应符合施工合同要求。 (4)资金、劳动力、材料、设备等资源供应计划应满足工程施工需要，施工方法及技术措施应可行与可靠。 (5)施工总平面布置应科学合理

项目	内容
施工组织设计审查的程序要求**【可以出直接问答型的题目,可以出补充类型的题目】**	(1)施工单位编制的施工组织设计经施工单位技术负责人审核签认后,与施工组织设计报审表一并报送项目监理机构。 (2)总监理工程师应及时组织专业监理工程师进行审查,需要修改的,由总监理工程师签发书面意见退回修改;符合要求的,由总监理工程师签认。 (3)已签认的施工组织设计由项目监理机构报送建设单位。 (4)施工组织设计在实施过程中,施工单位如需做较大的变更,项目监理机构应按程序重新审查

核心考点 5 施工方案审查（必考指数★★★）

总监理工程师应组织专业监理工程师审查施工单位报审的施工方案，符合要求后应予以签认。施工方案审查应包括的基本内容：

（1）编审程序应符合相关规定；

（2）工程质量保证措施应符合有关标准

考查形式小结：

施工方案审查应包括的基本内容考查过直接问答类型的题目，还考查过改错题。

核心考点 6 现场施工准备的质量控制要点（必考指数★★★）

项目	内容
施工现场质量管理检查	工程开工前,项目监理机构应审查施工单位现场的质量管理组织机构、管理制度及专职管理人员和特种作业人员的资格
分包单位资质的审核确认**【重点考查内容】**	分包工程开工前,项目监理机构应审核施工单位报送的分包单位资格报审表及有关资料,专业监理工程师进行审核并提出审查意见,符合要求后,应由总监理工程师审批并签署意见。 分包单位资格审核应包括的基本内容:**营**业执照、企业资**质**等级证书;安**全**生产许可文件;**类**似工程业绩;专职管理**人**员和特种作业人员的资格。**【助记:影(营)子(质)全类人】** 专业监理工程师审查分包单位资质材料时,应查验《建筑业企业资质证书》《企业法人营业执照》,以及《安全生产许可证》

项目	内容
查验施工控制测量成果**【重点考查内容】**	专业监理工程师应检查、复核施工单位报送的施工控制测量成果及保护措施,签署意见;并应对施工单位在施工过程中报送的施工测量放线成果进行查验。 施工控制测量成果及保护措施的检查、复核,包括:**【助记:人射(设)桩高平准】** (1)施工单位测量**人**员的资格证书及测量**设**备检定证书; (2)施工**平**面控制网、**高**程控制网和临时水**准**点的测量成果及控制**桩**的保护措施
施工试验室的检查**【重点考查内容】**	专业监理工程师应检查施工单位为本工程提供服务的试验室(包括施工单位自有试验室或委托的试验室)。试验室的检查应包括下列内容:**【助记:等犯(范)法管人】** (1)试验室的资质**等**级及试验**范**围; (2)**法**定计量部门对试验设备出具的计量检定证明; (3)试验室**管**理制度; (4)试验**人**员资格证书
工程材料、构配件、设备的质量控制**【重点考查内容】**	项目监理机构应审查施工单位报送的用于工程的材料、构配件、设备的质量证明文件(包括出厂合格证、质量检验报告、性能检测报告以及施工单位的质量抽检报告等),并应按有关规定,对用于工程的材料进行见证取样。对已进场经检验不合格的工程材料、构配件、设备,应要求施工单位限期将其撤出施工现场
工程开工条件审查与开工令的签发**【重点考查内容】**	总监理工程师应组织专业监理工程师审查施工单位报送的工程开工报审表及相关资料,同时具备相应条件时,应由总监理工程师签署审查意见,并应报建设单位批准后,总监理工程师签发工程开工令。 总监理工程师应在开工日期7天前向施工单位发出工程开工令

核心考点 7　巡视与旁站（必考指数★★）

项目	内容
巡视【重点考查内容】	项目监理机构应安排监理人员对工程施工质量进行巡视。巡视应包括下列主要内容:【考查过补充类型的题目】 (1)施工单位是否按工程设计文件、工程建设标准和批准的施工组织设计、(专项)施工方案施工。 (2)使用的工程材料、构配件和设备是否合格。 (3)施工现场管理人员,特别是施工质量管理人员是否到位。 (4)特种作业人员是否持证上岗
旁站	项目监理机构应根据工程特点和施工单位报送的施工组织设计,将影响工程主体结构安全的、完工后无法检测其质量的、返工会造成较大损失的部位及其施工过程作为旁站的关键部位、关键工序,安排监理人员进行旁站,并应及时记录旁站情况

核心考点 8　见证取样与平行检验（必考指数★★）

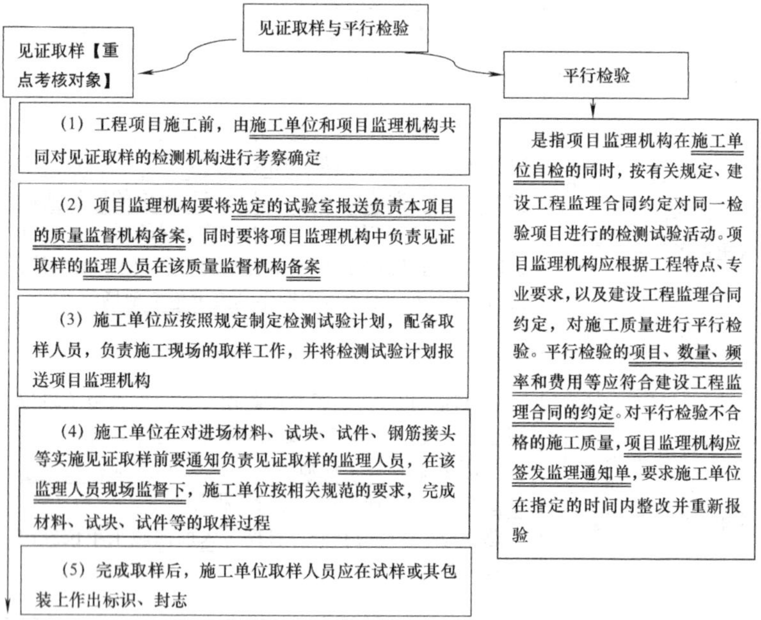

见证取样与平行检验

见证取样【重点考核对象】

（1）工程项目施工前，由施工单位和项目监理机构共同对见证取样的检测机构进行考察确定

（2）项目监理机构要将选定的试验室报送负责本项目的质量监督机构备案，同时要将项目监理机构中负责见证取样的监理人员在该质量监督机构备案

（3）施工单位应按照规定制定检测试验计划，配备取样人员，负责施工现场的取样工作，并将检测试验计划报送项目监理机构

（4）施工单位在对进场材料、试块、试件、钢筋接头等实施见证取样前要通知负责见证取样的监理人员，在该监理人员现场监督下，施工单位按相关规范的要求，完成材料、试块、试件等的取样过程

（5）完成取样后，施工单位取样人员应在试样或其包装上作出标识、封志

平行检验

是指项目监理机构在施工单位自检的同时，按有关规定、建设工程监理合同约定对同一检验项目进行的检测试验活动。项目监理机构应根据工程特点、专业要求，以及建设工程监理合同约定，对施工质量进行平行检验。平行检验的项目、数量、频率和费用等应符合建设工程监理合同的约定。对平行检验不合格的施工质量，项目监理机构应签发监理通知单，要求施工单位在指定的时间内整改并重新报验

核心考点9　工程实体质量控制（必考指数★）

各分部工程实体质量的控制主要有：地基基础工程、钢筋工程、混凝土工程、钢结构工程、装配式混凝土工程、砌体工程、防水工程、装饰装修工程、给水排水及采暖工程、通风与空调工程、建筑电气工程、智能建筑工程、市政工程

核心考点10　监理通知单、工程暂停令、工程复工令的签发（必考指数★★★）

签发文件	监理通知单【重点考核对象】	工程暂停令【重点考核对象】	工程复工令【重点考核对象】
签发人	专业监理工程师（一般问题）或总监理工程师（重大问题）	总监理工程师	总监理工程师应及时签署审批意见，并报建设单位批准后签发工程复工令
签发情形	施工单位发生下列情况时，项目监理机构应发出监理通知： （1）施工不符合设计要求、工程建设标准、合同约定； （2）使用不合格的工程材料、构配件和设备； （3）施工存在质量问题或采用不适当的施工工艺，或施工不当造成质量不合格； （4）实际进度严重滞后于计划进度且影响合同工期； （5）未按专项施工方案施工； （6）存在安全事故隐患； （7）在工程质量、造价、进度等方面存在违规等行为	根据《建设工程监理规范》GB/T 50319—2013第6.2.2条规定，项目监理机构发现下列情况之一时，总监理工程师应及时签发工程暂停令： （1）建设单位要求暂停施工且工程需要暂停施工的。 （2）施工单位未经批准擅自施工或拒绝项目监理机构管理的。 （3）施工单位未按审查通过的工程设计文件施工的。 （4）施工单位违反工程建设强制性标准的。 （5）施工存在重大质量、安全事故隐患或发生质量、安全事故的	根据《建设工程监理规范》GB/T 50319—2013第6.2.7条规定，当暂停施工原因消失、具备复工条件时，施工单位提出复工申请的，项目监理机构应审查施工单位报送的工程复工报审表及有关材料，符合要求后，总监理工程师应及时签署审查意见，并应报建设单位批准后签发工程复工令；施工单位未提出复工申请的，总监理工程师应根据工程实际情况指令施工单位恢复施工

签发文件	监理通知单 **【重点考核对象】**	工程暂停令 **【重点考核对象】**	工程复工令 **【重点考核对象】**
备注	监理工程师现场发出的口头指令及要求，也采用监理通知单予以确认	对于建设单位要求停工的，总监理工程师经过独立判断，认为有必要暂停施工的，可签发工程暂停令；认为没有必要暂停施工的，不应签发工程暂停令。施工单位拒绝执行项目监理机构的要求和指令时，总监理工程师应视情况签发工程暂停令。对于施工单位未经批准擅自施工或分别出现上述(3)、(4)、(5)三种情况时，总监理工程师应签发工程暂停令。总监理工程师签发工程暂停令，应事先征得建设单位同意	因施工单位原因引起工程暂停的，施工单位在复工前应向项目监理机构提交工程复工报审表申请复工

核心考点 11　工程变更的控制与质量记录资料的管理（必考指数★★）

项目	内容
工程变更的控制	工程变更单由提出单位填写，写明工程变更原因、工程变更内容，并附必要的附件，包括：工程变更的依据、详细内容、图纸；对工程造价、工期的影响程度分析，以及对功能、安全影响的分析报告

项目	内容
质量记录资料的管理	质量资料是施工单位进行工程施工或安装期间，实施质量控制活动的记录，还包括对这些质量控制活动的意见及施工单位对这些意见的答复，它详细地记录了工程施工阶段质量控制活动的全过程。 质量记录资料包括：施工现场质量管理检查记录资料、工程材料质量记录和施工过程作业活动质量记录资料三方面的内容

第三节　工程质量缺陷和事故处理

核心考点1　工程质量缺陷（必考指数★★）

项目监理机构应按下列程序进行处理质量缺陷：

（1）发生工程质量缺陷，工程监理单位（项目监理机构）安排监理人员进行检查和记录，签发监理通知单，责成施工单位进行修复处理。

（2）施工单位进行质量缺陷调查，分析质量缺陷产生的原因，并提出经设计等相关单位认可的处理方案。

（3）工程监理单位审查施工单位报送的质量缺陷处理方案，并签署意见。

（4）施工单位按审查认可的处理方案实施修复处理，工程监理单位对处理过程进行跟踪检查，对处理结果进行验收。

（5）对非施工单位原因造成的工程质量缺陷，工程监理单位核实施工单位申报的修复工程费用，签认工程款支付证书，并报建设单位。

（6）处理记录整理归档。

考核形式小结：

（1）分析判断型的题目：根据背景资料中给出的质量缺陷处理办法，要求考生直接分析判断做法是否正确，不正确的还要求写出理由。

（2）直接问答型的题目：根据背景资料中的质量缺陷，要求考生写出质量缺陷的处理程序。

核心考点 2　工程质量事故（必考指数★★★）

项目	内容
工程质量事故等级**【一般考核分析判断题，要求根据背景资料信息判断工程质量事故等级】**	根据工程质量事故造成的人员伤亡或者直接经济损失，工程质量事故分为4个等级：特别重大事故、重大事故、较大事故、一般事故。具体分级如下图所示。 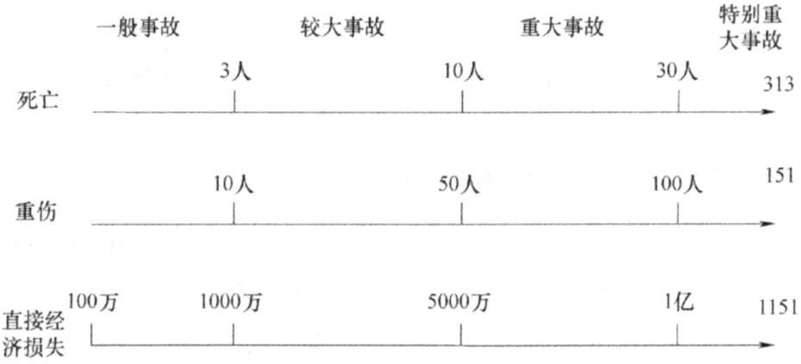 一般事故　较大事故　重大事故　特别重大事故 死亡：3人　10人　30人　313 重伤：10人　50人　100人　151 直接经济损失：100万　1000万　5000万　1亿　1151 注意：该等级划分所称的“以上”包括本数，所称的“以下”不包括本数
工程质量事故处理依据**【可以考查简答题、补充题】**	包括：相关的法律法规；具有法律效力的工程承包合同、设计委托合同、材料或设备购销合同以及监理合同或分包合同等合同文件；质量事故的实况资料；有关的工程技术文件、资料、档案
工程质量事故处理程序**【一般考核简答题】**	（1）工程质量事故发生后，总监理工程师应签发《工程暂停令》，要求暂停质量事故部位和与其有关联部位的施工，要求施工单位采取必要的措施，防止事故扩大并保护好现场。同时，要求质量事故发生单位迅速按类别和等级向相应的主管部门上报。 （2）项目监理机构要求施工单位进行质量事故调查、分析质量事故产生的原因，并提交质量事故调查报告。对于由质量事故调查组处理的，项目监理机构应积极配合，客观地提供相应证据。 （3）根据施工单位的质量调查报告或质量事故调查组提出的处理意见，项目监理机构要求相关单位完成技术处理方案。质量事故技术处理方案一般由施工单位提出，经原设计单位

项目	内容
工程质量事故处理程序【一般考核简答题】	同意签认，并报建设单位批准。对于涉及结构安全和加固处理等的重大技术处理方案，一般由原设计单位提出。必要时，应要求相关单位组织专家论证，以确保处理方案可靠、可行、保证结构安全和使用功能。 (4)技术处理方案经相关各方签认后，项目监理机构应要求施工单位制定详细的施工方案。对处理过程进行跟踪检查，对处理结果进行验收。必要时应组织有关单位对处理结果进行签订。 (5)质量事故处理完毕后，具备工程复工条件时，施工单位提出复工申请，项目监理机构应审查施工单位报送的工程复工报审表及有关资料，符合要求后，总监理工程师签署审核意见，报建设单位批准后，签发工程复工令。 (6)项目监理机构应及时向建设单位提交质量事故书面报告，并应将完整的质量事故处理记录整理归档。 **重点提示：** 工程质量缺陷的处理程序与工程质量事故处理程序核心区别是：事故处理要下停工令、复工令。
工程质量事故处理方案类型	修补处理、返工处理、不做处理

第四节　工程施工质量验收

核心考点 1　建筑工程施工质量验收基本规定（必考指数★）

项目	内容
建筑工程施工质量控制的规定	(1)建筑工程采用的主要材料、半成品、成品、建筑构配件、器具和设备应进行进场检验。凡涉及安全、节能、环境保护和主要使用功能的重要材料、产品，应按各专业工程施工规范、验收规范和设计文件等规定进行复验，并应经专业监理工程师检查认可。 (2)每道施工工序完成后，经施工单位自检符合规定后，才能进行下道工序施工。 (3)对于项目监理机构提出检查要求的重要工序，应经专业监理工程师检查认可，才能进行下道工序施工

项目	内容
符合调整抽样复验、试验数量的规定	符合下列条件之一时，可按相关专业验收规范的规定适当调整抽样复验、试验数量，调整后的抽样复验、试验方案应由施工单位编制，并报项目监理机构审核确认。 (1)同一项目中由相同施工单位施工的多个单位工程，使用同一生产厂家的同品种、同规格、同批次的材料、构配件、设备。 (2)同一施工单位在现场加工的成品、半成品、构配件用于同一项目中的多个单位工程。 (3)在同一项目中，针对同一抽样对象已有检验成果可以重复利用
验收项目未作出验收时的规定	当专业验收规范对工程中的验收项目未作出相应规定时，应由建设单位组织监理、设计、施工等相关单位制定专项验收要求。涉及安全、节能、环境保护等项目的专项验收要求应由建设单位组织专家论证
建筑工程施工质量验收要求	(1)工程施工质量验收均应在施工单位自检合格的基础上进行。 (2)参加工程施工质量验收的各方人员应具备相应的资格。 (3)检验批的质量应按主控项目和一般项目验收。 (4)对涉及结构安全、节能、环境保护和主要使用功能的试块、试件及材料，应在进场时或施工中按规定进行见证检验。 (5)隐蔽工程在隐蔽前应由施工单位通知项目监理机构进行验收，并应形成验收文件，验收合格后方可继续施工。 (6)对涉及结构安全、节能、环境保护等的重要分部工程应在验收前按规定进行抽样检验。 (7)工程的观感质量应由验收人员现场检查，并应共同确认

核心考点 2　建筑工程施工质量验收标准（必考指数★★★）

建筑工程	检验批	分项工程	分部工程	单位工程
组织者	专业监理工程师	专业监理工程师	总监理工程师	(1)预验收：总监理工程师。 (2)验收：建设单位项目负责人

建筑工程	检验批	分项工程	分部工程	单位工程
参加者	施工单位项目专业质量检查员、专业工长	施工单位项目技术负责人	项目负责人和项目技术、质量负责人等。 地基与基础、主体结构工程参加验收的人员：勘察、设计单位项目负责人，施工单位技术、质量部门负责人；设计单位项目负责人和施工单位技术、质量部门负责人应参加主体结构、节能分部工程的验收	(1)预验收：工程质量评估报告，并应经总监理工程师和监理单位技术负责人审核签字后报建设单位。预验收合格后，施工单位向建设单位提交工程竣工报告和完整的质量控制资料，申请建设单位组织工程竣工验收。 (2)验收：监理、施工、设计、勘察等单位项目负责人，以及施工单位的技术、质量负责人参加验收
检验内容	(1)主控项目的质量检验经抽样检验均应合格。 (2)一般项目的质量经抽样检验合格。 (3)具有完整的施工操作依据，质量检查记录	(1)所含检验批的质量均应验收合格。 (2)所含检验批的质量验收记录应完整	(1)所含分项工程均应检验合格。 (2)质量控制资料应完整。 (3)有关安全、节能、环境保护和主要使用功能的抽样检验结果应符合相应规定。 (4)观感质量应符合要求	(1)所含分部工程质量均应验收合格。 (2)质量控制资料应完整。 (3)所含分部工程的安全、节能、环境保护和主要使用功能的检测资料应完整。 (4)主要使用功能的抽查结果符合相关专业验收规范的规定。 (5)观感质量应符合要求

建筑工程	检验批	分项工程	分部工程	单位工程
不符合要求的处理	(1)返工或返修,重新验收。 (2)经有资质的单位鉴定能达到设计要求的可以验收。 (3)经有资质的单位鉴定达不到设计要求,但是设计单位核算可以满足结构安全和使用功能的,可以验收	(1)经返修和加固的,但符合安全使用要求的,按技术处理方案和协商文件验收。 (2)经返修和加固的,还不符合安全使用要求的,严禁验收		经返修或加固处理仍不能满足安全或重要使用要求的,严禁验收
工程质量控制资料应齐全完整,当部分资料缺失时,应委托有资质的检测单位按有关标准进行相应的实体检测或抽样试验				

重点提示:

上述知识点的出题点在于分部工程质量验收、单位工程质量验收这两栏的内容,考查过分析判断题、改错题。

第五节　工程质量统计分析方法应用

核心考点 1　排列图法(必考指数★★)

项目	内容
应用	由两个纵坐标、一个横坐标、几个连起来的直方形和一条曲线所组成。左侧的纵坐标表示频数,右侧纵坐标表示累计频率,横坐标表示影响质量的各个因素或项目,按影响程度大小从左至右排列,直方形的高度示意某个因素的影响大小。实际应用中,通常按累计频率划分:A类为主要因素(0~80%)、B类为次要因素(80%~90%)、C类为一般因素(90%~100%)**【助记:分清主次看排列,先排序再累加;数量从高到低排,累计八成为主因;八九之间为次因,剩下一成为一般】**

项目	内容
绘制	(1)画横坐标。将横坐标按项目数等分,并按项目频数由大到小顺序从左至右排列。 (2)画纵坐标。左侧的纵坐标表示项目不合格点数即频数,右侧纵坐标表示累计频率。要求总频数对应累计频率100%。 (3)画频数直方形。以频数为高画出各项目的直方形。 (4)画累计频率曲线。从横坐标左端点开始,依次连接各项目直方形右边线及所对应的累计频率值的交点,所得的曲线即为累计频率曲线。 (5)记录必要的事项。如标题、收集数据的方法和时间等

考核形式小结:

该知识点的出题点在应用上面,一般不会要求画图。考查过的题型为:采用排列图法列表计算质量问题的累计频率,并分别指出哪些是主要质量问题、次要质量问题和一般质量问题。

核心考点2　因果分析图法(必考指数★★)

项目	内容
组成	(也称特性要因图、树枝图、鱼刺图)由质量特性(即质量结果指某个质量问题)、要因(产生质量问题的主要原因)、枝干(指一系列箭线表示不同层次的原因)、主干(指较粗的直接指向质量结果的水平箭线)等所组成
绘制	(1)明确质量问题(结果)。作图时首先由左至右画出一条水平主干线,箭头指向一个矩形框,框内注明研究的问题,即结果。 (2)分析确定影响质量特性大的方面原因。一般来说,影响质量因素有五大方面,即人、机械、材料、方法、环境等。另外还可以按产品的生产过程进行分析。 (3)将每种大原因进一步分解为中原因、小原因,直至分解的原因可以采取具体措施加以解决为止。 (4)检查图中的所列原因是否齐全,可以对初步分析结果广泛征求意见,并做必要的补充及修改。 选择出现数量多、影响大的关键因素,做出标记"△"。以便重点采取措施

考核形式小结：

该知识点一般要求画图，此外就是根据背景中告知的对影响质量因素按人、机械、材料、方法、环境五方面进行归类。

核心考点3　直方图法（必考指数★★）

项目	内容
概念	直方图法即频数分布直方图法，它是将收集到的质量数据进行分组整理，绘制成频数分布直方图，用以描述质量分布状态的一种分析方法，所以又称质量分布图法
绘制方法	(1)收集整理数据。用随机抽样的方法抽取数据，一般要求数据在50个以上。 (2)计算极差R。极差R是数据中最大值和最小值之差。 (3)对数据分组。包括确定组数、组距和组限。 (4)编制数据频数统计表。 (5)绘制频数分布直方图。在频数分布直方图中，横坐标表示质量特性值
观察与分析 **【主要考核要点】**	作完直方图后，首先要认真观察直方图的整体形状，看其是否是属于正常型直方图。正常型直方图就是中间高，两侧底，左右接近对称的图形，如下图(*a*)所示。 出现非正常型直方图时，表明生产过程或收集数据作图有问题。这就要求进一步分析判断，找出原因，从而采取措施加以纠正。常见的直方图图形如下图所示。 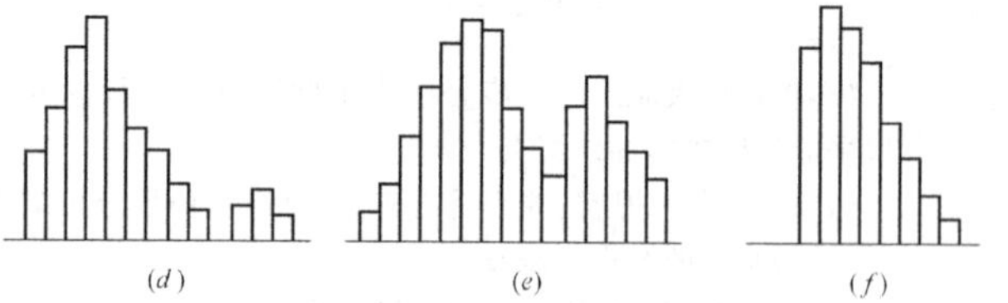 (*a*)　(*b*)　(*c*) (*d*)　(*e*)　(*f*) 常见的直方图图形 (*a*)正常型；(*b*)折齿型；(*c*)左缓坡型； (*d*)孤岛型；(*e*)双峰型；(*f*)绝壁型

项目	内容
观察与分析【主要考核要点】	(1)折齿型(b),是由于分组组数不当或者组距确定不当出现的直方图。 (2)左(或右)缓坡型(c),主要是由于操作中对上限(或下限)控制太严造成的。 (3)孤岛型(d),是原材料发生变化,或者临时他人顶班作业造成的。 (4)双峰型(e),是由于用两种不同方法或两台设备或两组工人进行生产,然后把两方面数据混在一起整理产生的。 (5)绝壁型(f),是由于数据收集不正常,可能有意识地去掉下限以下的数据,或是在检测过程中存在某种人为因素所造成的

考核形式小结:

根据背景中给出的直方图，要求判断直方图分别属于哪种类型，并分别说明其形成原因。

核心考点 4　控制图法（必考指数★★）

项目	内容
控制图的基本形式	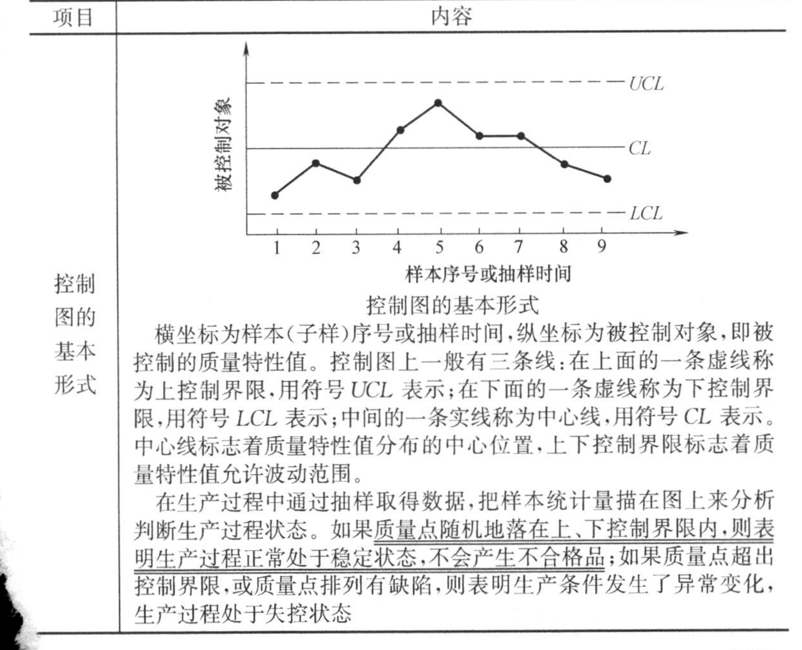 控制图的基本形式 横坐标为样本(子样)序号或抽样时间,纵坐标为被控制对象,即被控制的质量特性值。控制图上一般有三条线:在上面的一条虚线称为上控制界限,用符号 UCL 表示;在下面的一条虚线称为下控制界限,用符号 LCL 表示;中间的一条实线称为中心线,用符号 CL 表示。中心线标志着质量特性值分布的中心位置,上下控制界限标志着质量特性值允许波动范围。 在生产过程中通过抽样取得数据,把样本统计量描在图上来分析判断生产过程状态。如果质量点随机地落在上、下控制界限内,则表明生产过程正常处于稳定状态,不会产生不合格品;如果质量点超出控制界限,或质量点排列有缺陷,则表明生产条件发生了异常变化,生产过程处于失控状态

项目	内容
观察与分析 【主要考核要点】	当控制图同时满足以下两个条件:一是质量点几乎全部落在控制界限之内;二是控制界限内的质量点排列没有缺陷。就可认为生产过程基本上处于稳定状态。如果质量点的分布不满足其中任何一条,都应判断生产过程为异常。 (1)质量点几乎全部落在控制界线内,是指应符合下述三个要求:连续25点以上处于控制界限内;连续35点中仅有1点超出控制界限;连续100点中不多于2点超出控制界限。 (2)质量点排列没有缺陷,是指质量点的排列是随机的,而没有出现异常现象。这里的异常现象是指质量点排列出现了“链”“多次同侧”“趋势或倾向”“周期性变动”“接近控制界限”等情况。 ①链。是指质量点连续出现在中心线一侧的现象。出现五点链,应注意生产过程发展状况。出现六点链,应开始调查原因。出现七点链,应判定工序异常,需采取处理措施,如下图(*a*)所示。 ②多次同侧。是指质量点在中心线一侧多次出现的现象,或称偏离。下列情况说明生产过程已出现异常:在连续11点中有10点在同侧,如下图(*b*)所示。在连续14点中有12点在同侧。在连续17点中有14点在同侧。在连续20点中有16点在同侧。 ③趋势或倾向。是指质量点连续上升或连续下降的现象。连续7点或7点以上上升或下降排列,就应判定生产过程有异常因素影响,要立即采取措施,如下图(*c*)所示。 ④周期性变动。即质量点的排列显示周期性变化的现象。这样即使所有质量点都在控制界限内,也应认为生产过程为异常,如下图(*d*)所示。 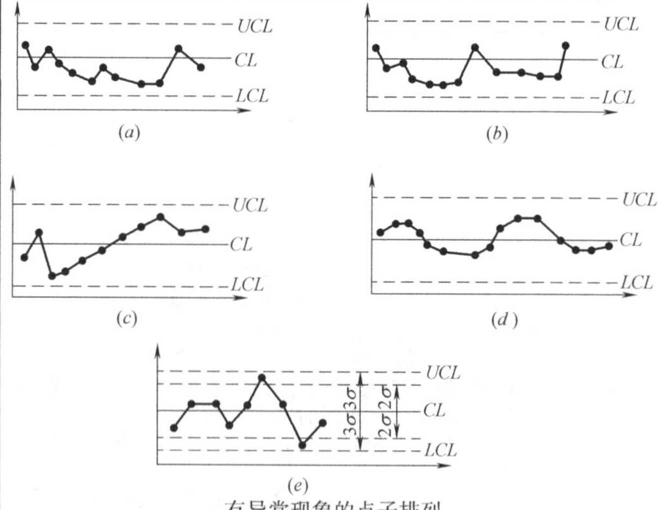 (*a*) (*b*) (*c*) (*d*) (*e*) 有异常现象的点子排列 ⑤质量点排列接近控制界限。是指质量点落在$\mu \pm 2\sigma$以外和$\mu \pm 3\sigma$以内。如属下列情况的,判定为异常:连续3点至少有2点接近控制界限;连续7点至少有3点接近控制界限;连续10点至少有4点接近控制界限,如上图(*e*)所示

考核形式小结：

根据背景中给出的控制图，要求判断控制图所示生产过程中是否正常，并说明理由。

第四章　建设工程投资控制

第一节 建筑安装工程费用的组成与计算

核心考点1 按费用构成要素划分的建筑安装工程费用项目组成（必考指数★）

按照费用构成要素划分，建筑安装工程费由人工费、材料（包含工程设备）费、施工机具使用费、企业管理费、利润、规费和税金组成。其中人工费、材料费、施工机具使用费、企业管理费和利润包含在分部分项工程费、措施项目费、其他项目费中

(1)	人工费	计时工资或计件工资、奖金、津贴补贴、加班加点工资和特殊情况下支付的工资
(2)	材料费	材料原价、运杂费、运输损耗费和采购及保管费
(3)	施工机具使用费	施工机械使用费(由折旧费、大修理费、经常修理费、安拆费及场外运费、人工费、燃料动力费和税费组成)与仪器仪表使用费
(4)	企业管理费	管理人员工资、办公费、差旅交通费、固定资产使用费、工具用具使用费、劳动保险和职工福利费、劳动保护费、检验试验费、工会经费、职工教育经费、财产保险费、财务费和其他费用等
(5)	利润	指施工企业完成所承包工程获得的盈利
(6)	规费	社会保险费(由养老保险费、失业保险费、医疗保险费、生育保险费和工伤保险费组成)、住房公积金
(7)	税金	增值税

核心考点2 按工程造价形成划分的建筑安装工程费用项目组成（必考指数★）

按照工程造价形成由分部分项工程费、措施项目费、其他项目费、规费、税金组成，分部分项工程费、措施项目费、其他项目费包含人工费、材料费、施工机具使用费、企业管理费和利润

核心考点3 合同价款的计算（必考指数★★★）

签约合同价＝∑计价项目费用×(1＋规费率)×(1＋税率)

签约合同价＝(分部分项工程费＋措施项目费＋其他项目费)×(1＋规费率)×(1＋税率)

签约合同价=分部分项工程费+措施项目费+其他项目费+规费+税金

签约合同价=人工费+材料费+施工机具使用费+管理费+利润+规费+税金

核心考点4　分部分项工程费、措施费、规费和税金的计算（必考指数★★★）

分部分项工程费=∑每个分部分项工程量清单项目(子目)的工程量×综合单价

分部分项工程费=(人工费+材料费+施工机具使用费)×(1+管理费率)×(1+利润率)

人工费=∑(工日消耗量×日工资单价)

材料费=∑(材料消耗量×材料单价)

施工机具使用费=∑(施工机具台班消耗量×机具台班单价)

措施项目费=单价措施项目费+总价措施项目费

措施项目费=分部分项工程费×措施项目费率

其他项目费用=暂列金额+暂估价+计日工+总承包服务费

管理费=(人工费+材料费+施工机具使用费)×管理费率

利润=(人工费+材料费+施工机具使用费+管理费)×利润率

规费=(人工费+材料费+施工机具使用费+管理费+利润)×规费率

规费=(分部分项工程费+措施项目费+其他项目费)×规费率

税金=(人工费+材料费+施工机具使用费+管理费+利润+规费)×税率

税金=(分部分项工程费+措施项目费+其他项目费+规费)×税率

核心考点5　综合单价的计算与调整（必考指数★★★）

工料单价＝人工费＋材料费＋施工机具使用费

清单综合单价＝工料单价×(1＋管理费率)×(1＋利润率)

全费用综合单价＝工料单价×(1＋管理费率)×(1＋利润率)×(1＋规费率)×(1＋税率)

全费用综合单价＝清单综合单价×(1＋规费率)×(1＋税率)

核心考点6　建筑安装工程计价公式（必考指数★★）

序号	项目名称	内容
(1)	分部分项工程费	分部分项工程费＝∑(分部分项工程量×综合单价) 式中：综合单价包括人工费、材料费、施工机具使用费、企业管理费和利润以及一定范围的风险费用
(2)	措施项目费	国家计量规范规定应予计量的措施项目，其计算公式为： 措施项目费＝∑(措施项目工程量×综合单价)
		国家计量规范规定不宜计量的措施项目计算方法如下： ①安全文明施工费＝计算基数×安全文明施工费费率(%) 计算基数应为定额基价(定额分部分项工程费＋定额中可以计量的措施项目费)、定额人工费或(定额人工费＋定额机械费) ②夜间施工增加费＝计算基数×夜间施工增加费费率(%) ③二次搬运费＝计算基数×二次搬运费费率(%) ④冬雨期施工增加费＝计算基数×冬雨期施工增加费费率(%) ⑤已完工程及设备保护费＝计算基数×已完工程及设备保护费费率(%) 上述②～⑤项措施项目的计费基数应为定额人工费或(定额人工费＋定额机械费)，①～⑤的费率由工程造价管理机构确定并发布

序号	项目名称	内容
(3)	其他项目费	①暂列金额由建设单位根据工程特点，按有关计价规定估算，施工过程中由建设单位掌握使用。 ②计日工由建设单位和施工企业按施工过程中的签证计价。 ③总承包服务费由建设单位在最高投标限价中根据总包服务范围和有关计价规定编制，施工企业投标时自主报价
(4)	规费和税金	建设单位和施工企业均应按照省、自治区、直辖市或行业建设主管部门发布的标准计算规费(如安全文明施工费)和税金，不得作为竞争性费用

核心考点7 建设单位工程最高投标限价计价程序（必考指数★）

序号	内容	计算方法	金额(元)
1	分部分项工程费	按计价规定计算	
1.1			
1.2			
1.3			
2	措施项目费	按计价规定计算	
2.1	其中:安全文明施工费	按规定标准计算	
3	其他项目费		
3.1	其中:暂列金额	按计价规定估算	
3.2	其中:专业工程暂估价	按计价规定估算	
3.3	其中:计日工	按计价规定估算	
3.4	其中:总承包服务费	按计价规定估算	
4	规费	按规定标准计算	
5	税金	(1+2+3+4)×规定税率	
最高投标限价合计=1+2+3+4+5			

核心考点 8　施工企业工程投标报价计价程序（必考指数★）

序号	内容	计算方法	金额(元)
1	分部分项工程费	自主报价	
1.1			
1.2			
1.3			
2	措施项目费	自主报价	
2.1	其中:安全文明施工费	按规定标准计算	
3	其他项目费		
3.1	其中:暂列金额	按招标文件提供金额计列	
3.2	其中:专业工程暂估价	按招标文件提供金额计列	
3.3	其中:计日工	自主报价	
3.4	其中:总承包服务费	自主报价	
4	规费	按规定标准计算	
5	税金	(1+2+3+4)×税率(或征收率)	
投标报价合计=1+2+3+4+5			

核心考点 9　竣工结算计价程序（必考指数★）

序号	汇总内容	计算方法	金额(元)
1	分部分项工程费	按合同约定计算	
1.1			
1.2			
1.3			
2	措施项目	按合同约定计算	
2.1	其中:安全文明施工费	按规定标准计算	
3	其他项目		
3.1	其中:专业工程结算价	按合同约定计算	
3.2	其中:计日工	按计日工签证计算	
3.3	其中:总承包服务费	按合同约定计算	
3.4	索赔与现场签证	按发承包双方确认数额计算	
4	规费	按规定标准计算	
5	税金	(1+2+3+4)×税率(或征收率)	
竣工结算总价合计=1+2+3+4+5			

第二节　合同价款调整、合同价款支付与竣工结算

核心考点 1　预付款金额、起扣点和应扣留预付款金额的计算（必考指数★★★）

额度	不得低于签约合同价(扣除暂列金额)的10%，不宜高于签约合同价(扣除暂列金额)的30%
扣回方式	完成金额累计达到合同总价一定比例后，采用等比率或等额扣款的方式分期抵扣
	从未完施工工程尚需的主要材料及构件的价值相当于工程预付款数额时起扣
起扣点	承包工程合同总额－工程预付款数额÷主要材料及构件所占比重
第一次扣还预付款数额	(累计已完工程价值－起扣点)×主要材料及构件所占比重
第二次及以后各次扣还预付款数额	第 i 次扣还工程预付款当期结算的已完工程价值×主要材料及构件所占比重

核心考点 2　安全文明施工费预付款的计算（必考指数★★）

安全文明施工费预付款＝相应费用额×(1＋规费率)×(1＋税率)×预付率×进度款支付比例

核心考点 3　合同价款调整额、工程进度款支付的计算（必考指数★★★）

项目	内容
合同价款调整额的计算	根据背景资料给定的相应调整条件来计算
工程进度款支付的计算	每月承包商已完工程款＝∑(分项工程项目费用＋单价措施项目费用＋总价措施项目费用＋其他项目费用)×(1＋规费率)×(1＋税率) 每月业主应向承包商支付工程款＝每月承包商已完工程款×付款比例－预付款 累计已支付工程款＝上月累计工程款＋本月应支付工程款

核心考点4　实际工程含税总造价、竣工结算款的计算（必考指数★★）

项目	内容
实际工程含税总造价的计算	实际工程含税总造价=(签约的分部分项工程项目费用及其调整额+签约的措施项目费用及其调整额+实际发生的其他项目费用)×(1+规费率)×(1+税率)
竣工结算款的计算	竣工结算最终支付工程款=实际工程总造价－全部已支付的工程款－质量保证金 竣工结算最终支付工程款=实际工程总造价－(预付款+各月累计已支付的工程款)－质量保证金

核心考点5　质量保证金与扣回金额的计算（必考指数★★）

扣留数额	不超过工程结算款的3%
扣留方式	与进度款同步按月扣留
	结算时一次性扣留
何时返还	缺陷责任期到期后

核心考点6　赶工费的计算（必考指数★★★）

赶工费用主要包括：
(1) 人工费的增加；
(2) 材料费的增加；
(3) 机械费的增加。
一定不要计取利润

核心考点7　暂估价工程增加的合同价款的计算（必考指数★★★）

暂估材料或者工程设备的单价确定后，在综合单价中只应取代原暂估单价，不应再在综合单价中涉及企业管理费或利润等其他费的变动。也就是说：只计算实际购买价格与材料暂估价的差额，在综合单价中调整或调减，不涉及管理费或利润

核心考点 8 工程变更增加的分项工程费用的计算（必考指数★★★）

【《建设工程工程量清单计价规范》规定】

条件	调整	结算价
当完成工程量增加15%（$Q_1>1.15Q_0$）以上时	增加部分（115%以后）的工程量的综合单价应予调低	$1.15Q_0\times P_0+(Q_1-1.15Q_0)\times P_1$
当工程量减少15%（$Q_1<0.85Q_0$）以上时	全部工程量的综合单价应予调高	$Q_1\times P_1$

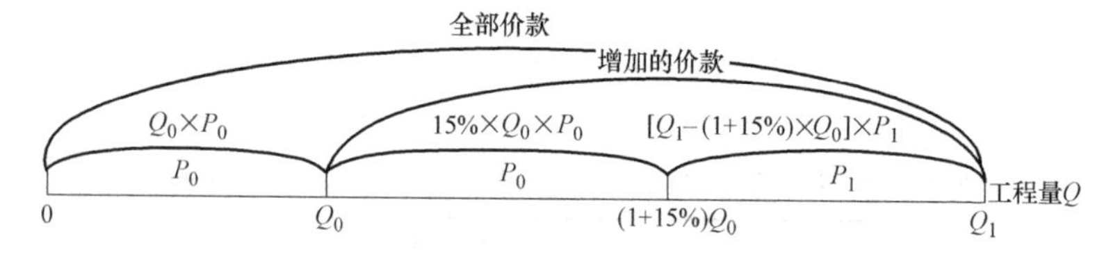

第三节 投资偏差分析

核心考点 1 赢得值法的三个基本参数（必考指数★★）

已完工作预算投资（$BCWP$）＝已完成工作量×预算单价

计划工作预算投资（$BCWS$）＝计划工作量×预算单价

已完工作实际投资（$ACWP$）＝已完成工作量×实际单价

核心考点 2 投资偏差与进度偏差的计算（必考指数★★）

指标	计算	评价
费用偏差（CV）	已完工作预算费用－已完工作实际费用 已完成工作量×（预算单价－实际单价费用）	<0，超支； >0，节支
进度偏差（SV）	已完工作预算费用－计划工作预算费用 预算单价×（已完成工作量－计划工作量）	<0，延误； >0，提前
费用绩效指数（CPI）	已完工作预算费用/已完工作实际费用 预算单价/实际单价	<1，超支； >1，节支
进度绩效指数（SPI）	已完工作预算费用/计划工作预算费用 已完成工作量/计划工作量	<1，延误； >1，提前

第五章　建设工程进度控制

第一节　流水施工进度计划

核心考点1　流水施工参数（必考指数★）

流水施工参数	内容
工艺参数	(1)施工过程：其数目一般用 n 表示，也称工序。施工过程可以是单位工程，可以是分部工程、分项工程。 (2)流水强度：流水施工的某施工过程（专业工作队）在单位时间内所完成的工程量，也称为流水能力或生产能力
空间参数	是表达流水施工在空间布置上开展状态的参数，通常包括工作面和施工段
时间参数	是表达流水施工在时间安排上所处状态的参数，主要包括流水节拍、流水步距和流水施工工期等。 (1)流水节拍(t)。某个作业队（或一个施工过程）在一个施工段上所需要的工作时间。 (2)流水步距(K)。两个相邻的作业队（或施工过程）相继投入工作的最小时间间隔。流水步距的个数＝施工过程数－1。 (3)流水施工工期：指从第一个专业工作队投入流水施工开始，到最后一个专业工作队完成流水施工为止的整个持续时间。由于一项建设工程往往包含有许多流水组，故流水施工工期一般均不是整个工程的总工期

核心考点2　流水施工的基本组织方式和特点（必考指数★）

组织方式	内容
固定节拍流水施工	特点如下： (1)所有施工过程在各个施工段上的流水节拍均相等。 (2)相邻施工过程的流水步距相等，且等于流水节拍。 (3)专业工作队数等于施工过程数，即每一个施工过程成立一个专业工作队，由该队完成相应施工过程所有施工段上的任务。 (4)各个专业工作队在各施工段上能够连续作业，施工段之间没有空闲时间

组织方式	内容
固定节拍流水施工	(1)有间歇时间的固定节拍流水施工:对于有间歇时间的同定节拍流水施工,其流水施工工期 T 可按下式计算: $T=(n-1)t+\sum G+\sum Z+m\cdot t$ $=(m+n-1)t+\sum G+\sum Z-\sum C$ (2)有提前插入时间的固定节拍流水施工:对于有提前插入时间的固定节拍流水施工,其流水施工工期 T 可按下式计算: $T=(n-1)t+\sum G+\sum Z-\sum C+m\cdot t$ $=(m+n-1)t+\sum G+\sum Z-\sum C$
成倍节拍流水施工**【过去考试中考过,考生要注意】**	特点如下: (1)同一施工过程在其各个施工段上的流水节拍均相等;不同施工过程的流水节拍不等,但其值为倍数关系。 (2)相邻专业工作队的流水步距相等,且等于流水节拍的最大公约数(K)。 (3)专业工作队数大于施工过程数,即有的施工过程只成立一个专业工作队,而对于流水节拍大的施工过程,可按其倍数增加相应专业工作队数目。 (4)各个专业工作队在施工段上能够连续作业,施工段之间没有空闲时间
	加快的成倍节拍流水施工工期 T 可按下式计算: $T=(n'-1)K+\sum G+\sum Z-\sum C+m\cdot K$ $=(m+n'-1)K+\sum G+\sum Z-\sum C$
非节奏流水施工**【过去考试中考过,考生要注意】**	特点如下: (1)各施工过程在各施工段的流水节拍不全相等。 (2)相邻施工过程的流水步距不尽相等。 (3)专业工作队数等于施工过程数。 (4)各专业工作队能够在施工段上连续作业,但有的施工段之间可能有空闲时间
	在非节奏流水施工中,通常采用累加数列错位相减取大差法计算流水步距。累加数列错位相减取大差法的基本步骤如下: (1)对每一个施工过程在各施工段上的流水节拍依次累加,求得各施工过程流水节拍的累加数列; (2)将相邻施工过程流水节拍累加数列中的后者错后一位,相减后求得一个差数列; (3)在差数列中取最大值,即为这两个相邻施工过程的流水步距

第二节　网络计划技术

核心考点 1　双代号网络计划工期的计算与关键线路的确定（必考指数★★★）

【方法一】标号法：就是从网络图的起点节点，顺着箭线的方向标号，待全部节点标号完成后，从终点节点开始逆着箭线的方向来找出关键线路。关键线路上的持续时间之和就是工期。

【方法二】对比法：就是把整个网络图拆解为几个局部网络图，计算局部网络图中的每一条线路的持续时间之和，保留持续时间之和最大的一条（或几条）线路上的工作，把不保留的工作舍弃，待所有局部网络图都拆解、保留、舍弃完成后，保留下来的所有工作就都是关键工作，把这些工作连接成完整的线路就是关键线路。关键线路上的持续时间之和就是工期。

【方法三】列举法：就是把网络图中所有的线路逐一找出来，通过计算取最大值的线路就是关键线路。关键线路上的持续时间之和就是工期。

【方法四】双标号法：可以计算网络图的六个时间参数，可以确定关键线路和计算工期。

【方法五】六时标注法：比较复杂，不提倡采用这个方法计算

核心考点 2　双代号时标网络计划工期的计算与关键线路的确定（必考指数★★★）

（1）计划工期就是网络图终点节点所对应的时标值。

（2）关键线路就是自始至终不出现波形线的线路。

核心考点 3　双代号网络计划及调整后的总时差与自由时差的计算（必考指数★★★）

【方法】双标号法：可以计算网络图的六个时间参数，可以确定关键线路和计算工期。

工作的总时差＝该工作最迟完成时间－最早完成时间

＝该工作最迟开始时间－最早开始时间

工作的自由时差通过标记在工作上的虚线来确定

核心考点4　双代号时标网络计划及调整后的总时差与自由时差的计算（必考指数★★★）

（1）总时差＝min｛工期减去经过该工作的所有线路持续时间之和｝

（2）自由时差＝波形线的水平投影长度（如后续只有虚工作，各个虚工作的波形线最短者为自由时差）

核心考点5　如何安排多项工作使用同一台机械使闲置时间最短（必考指数★★）

（1）施工机械在场时间＝共用该施工机械的最后一项工作的完成时刻－施工机械进入施工现场的时刻

（2）施工机械工作时间＝共用该施工机械的所有工作的持续时间之和

（3）施工机械闲置时间＝施工机械在场时间－施工机械工作时间

（4）施工机械在场闲置时间的增加（或减少）＝调整后（或事件发生后）施工机械在场闲置时间－调整前（或事件发生前）施工机械在场的闲置时间。结果为正，表示增加；结果为负，表示减少

核心考点6　进度偏差或调整对总工期或后续工作影响的判断（必考指数★★）

偏差	是否影响后续工作	是否影响总工期
＞总时差	是	是
＜总时差	—	否
＞自由时差	是	—
＜自由时差	否	否

核心考点7　工期优化、费用优化（必考指数★★★）

优化项目	内容
工期优化	压缩关键工作中增加的费用最少的工作，如果压缩过程出现多条关键线路，一定要提示压缩，直至满足工期的要求

优化项目	内容
费用优化	不断地在网络计划中找到直接费用率最小的关键工作进行压缩，当出现多条关键线路时，应找出组合直接费用率最小的一组关键工作进行压缩

考核形式小结：

网络图技术中网络图技术分为很多种，但是历年考试考过的只有双代号网络图和双代号时标网络图，每年必考。在监理案例分析的网络图考试中，一般不会考“六时标注法”，最常考的是“工期”“关键线路”“关键工作”“总时差”“自由时差”，其他指标很少考。

第三节　实际进度与计划进度的比较方法

核心考点1　横道图比较法（必考指数★★）

（1）匀速进展横道图比较法

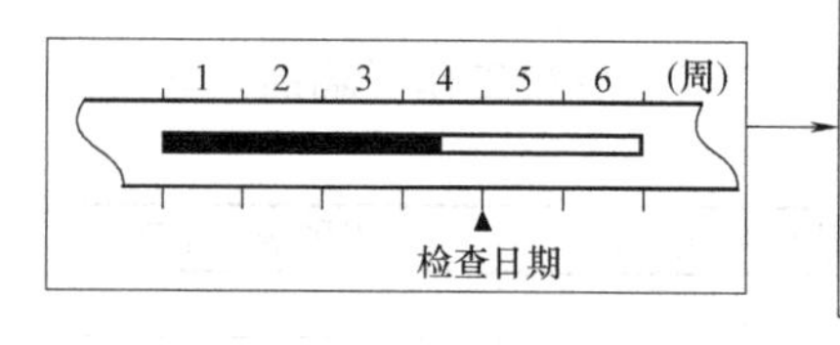

①如果涂黑的粗线右端落在检查日期左侧，表明实际进度拖后。

②如果涂黑的粗线右端落在检查日期右侧，表明实际进度超前。

③如果涂黑的粗线右端与检查日期重合，表明实际进度与计划进度一致

（2）非匀速进展横道图比较法

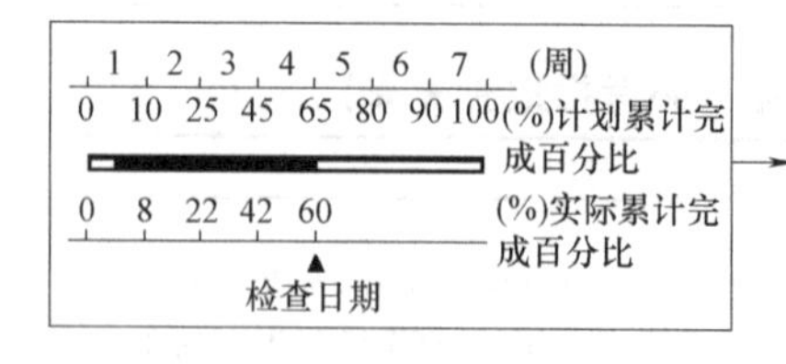

①如果同一时刻横道线上方累计百分比大于横道线下方累计百分比，表明实际进度拖后，拖欠的任务量为二者之差。

②如果同一时刻横道线上方累计百分比小于横道线下方累计百分比，表明实际进度超前，超前的任务量为二者之差。

③如果同一时刻横道线上下方两个累计百分比相等，表明实际进度与计划进度一致

核心考点 2　S 曲线比较法（必考指数★）

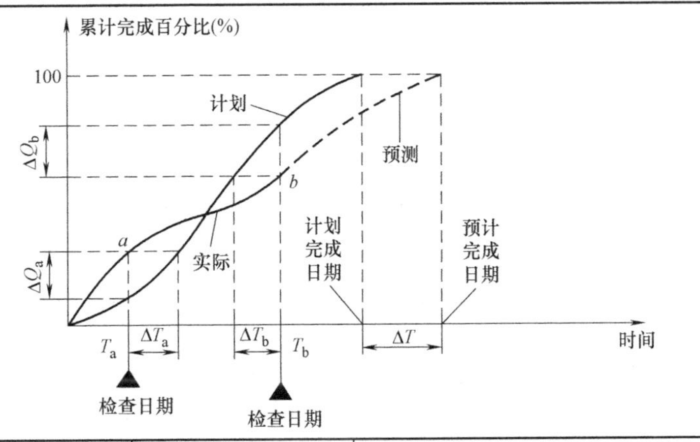

<table>
<tr><th rowspan="2">分析</th><th rowspan="2">图上信息</th><th colspan="2">获得信息</th></tr>
<tr><th>表明</th><th>通过计算得到数值</th></tr>
<tr><td rowspan="3">实际进度
（横向比较）</td><td>如果实际进展点落在计划 S 曲线左侧，如图中的 a 点</td><td>实际进度比计划进度超前</td><td>ΔT_a 表示 T_a 时刻实际进度超前的时间</td></tr>
<tr><td>如果实际进展点落在 S 计划曲线右侧，如图中的 b 点</td><td>实际比计划进度拖后</td><td>ΔT_b 表示 T_b 时刻实际进度拖后的时间</td></tr>
<tr><td>如果实际进展点正好落在计划 S 曲线上，如图中的 c 点</td><td>实际进度与计划进度一致</td><td>0</td></tr>
<tr><td rowspan="3">实际任务量
（纵向比较）</td><td>如果实际进展点落在计划 S 曲线上方，如图中的 a 点</td><td>实际任务量超额</td><td>ΔQ_a 表示 T_a 时刻超额完成的任务量</td></tr>
<tr><td>如果实际进展点落在 S 计划曲线下方，如图中的 b 点</td><td>实际任务量拖欠</td><td>ΔQ_b 表示 T_b 时刻拖欠的任务量</td></tr>
<tr><td>如果实际进展点正好落在计划 S 曲线上，如图中的 c 点</td><td>实际任务量与计划一致</td><td>0</td></tr>
<tr><td>小结</td><td colspan="3">左侧及上方，超前与超额；右侧及下方，拖后与拖欠</td></tr>
</table>

核心考点3　前锋线比较法（必考指数★★）

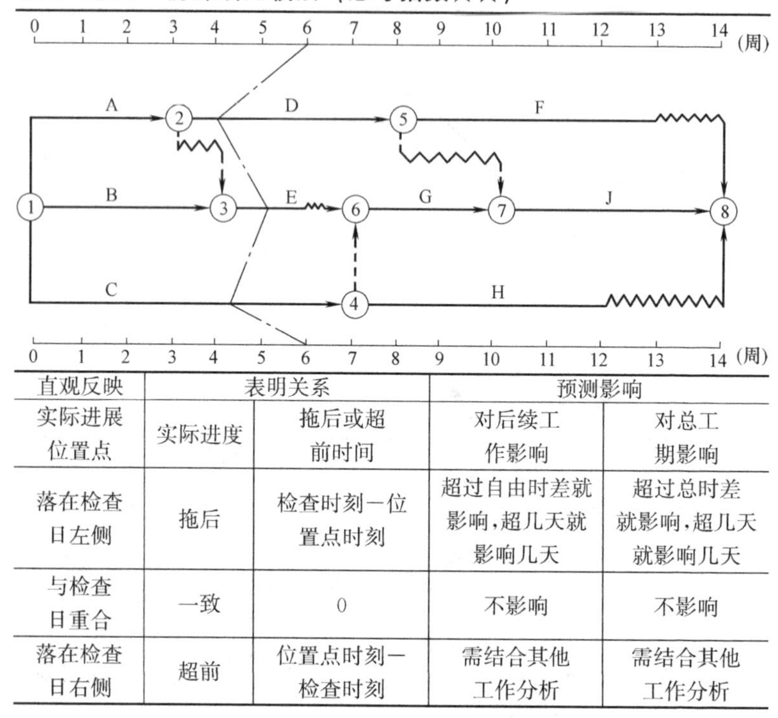

直观反映	表明关系		预测影响	
实际进展位置点	实际进度	拖后或超前时间	对后续工作影响	对总工期影响
落在检查日左侧	拖后	检查时刻－位置点时刻	超过自由时差就影响，超几天就影响几天	超过总时差就影响，超几天就影响几天
与检查日重合	一致	0	不影响	不影响
落在检查日右侧	超前	位置点时刻－检查时刻	需结合其他工作分析	需结合其他工作分析

第四节　工程延期时间的确定

核心考点1　申报工程延期的条件（必考指数★★）

由于以下原因导致工程拖期，承包单位有权提出延长工期的申请，监理工程师应按合同规定，批准工程延期时间：

（1）监理工程师发出工程变更指令而导致工程量增加；

（2）合同所涉及的任何可能造成工程延期的原因，如延期交图、工程暂停、对合格工程的剥离检查及不利的外界条件等；

（3）异常恶劣的气候条件；

（4）由业主造成的任何延误、干扰或障碍，如未及时提供施工场地、未及时付款等；

（5）除承包单位自身以外的其他任何原因。

核心考点2　工程延期的审批程序（必考指数★）

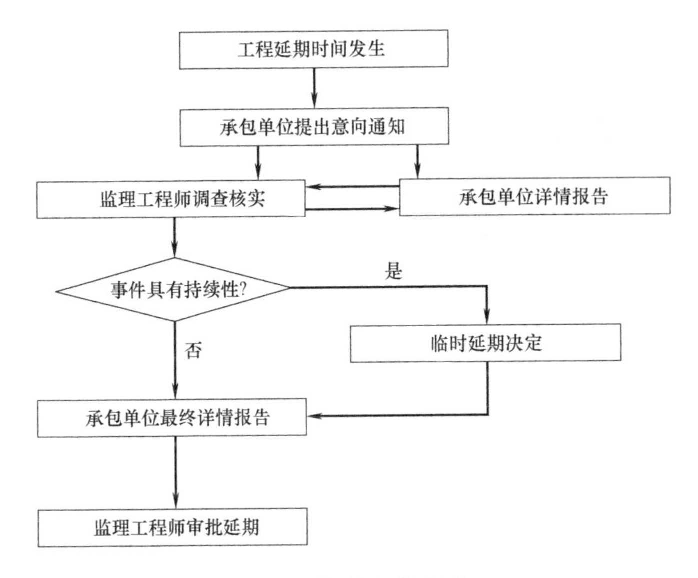

工程延期的审批程序

核心考点3　工程延期的审批原则（必考指数★★）

监理工程师在审批工程延期时应遵循下列原则：

（1）合同条件。监理工程师批准的工程延期必须符合合同条件。导致工期拖延的原因确实属于承包单位自身以外的，否则不能批准为工程延期（**监理工程师审批工程延期的一条根本原则**）。

（2）影响工期。延期事件的工程部位，无论其是否处在施工进度计划的关键线路上，只有当所延长的时间超过其相应的总时差而影响到工期时，才能批准工程延期。如果延期事件发生在非关键线路上，且延长的时间并未超过总时差时，即使符合批准为工程延期的合同条件，也不能批准工程延期。

注意：建设工程施工进度计划中的关键线路并非固定不变，会随着工程的进展和情况的变化而转移。监理工程师应以承包单位提交的、经自己审核后的施工进度计划（不断调整后）为依据来决定是否批准工程延期。

（3）实际情况。批准的工程延期必须符合实际情况。为此，承包单位应对延期事件发生后的各类有关细节进行详细记载，并及时向监理工程师提交详细报告。与此同时，监理工程师也应对施工现场进行详细考察和分析，并做好有关记录，以便为合理确定工程延期时间提供可靠依据。

第六章　建设工程相关法律法规及示范文本

第一节 相关法律

核心考点1 《招标投标法》节选（必考指数★★★）

考核形式：分析判断题、简答题、挑错并改正题

《招标投标法》

招标

第十八条 招标人不得以不合理的条件限制或者排斥潜在投标人，不得对潜在投标人实行歧视待遇。

第二十条 招标文件不得要求或者标明特定的生产供应者以及含有倾向或者排斥潜在投标人的其他内容。

第二十一条 招标人根据招标项目的具体情况，可以组织潜在投标人踏勘项目现场。

第二十三条 招标人对已发出的招标文件进行必要的澄清或者修改的，应当在招标文件要求提交投标文件截止时间至少十五日前，以书面形式通知所有招标文件收受人。该澄清或者修改的内容为招标文件的组成部分。

第二十四条 招标人应当确定投标人编制投标文件所需要的合理时间；但是，依法必须进行招标的项目，自招标文件开始发出之日起至投标人提交投标文件截止之日止，最短不得少于二十日

投标

第二十八条 投标人应当在招标文件要求提交投标文件的截止时间前，将投标文件送达投标地点。招标人收到投标文件后，应当签收保存，不得开启。投标人少于三个的，招标人应当依照本法重新招标。在招标文件要求提交投标文件的截止时间后送达的投标文件，招标人应当拒收。

第二十九条 投标人在招标文件要求提交投标文件的截止时间前，可以补充、修改或者撤回已提交的投标文件，并书面通知招标人。补充、修改的内容为投标文件的组成部分。

第三十一条 两个以上法人或者其他组织可以组成一个联合体，以一个投标人的身份共同投标。联合体各方均应当具备承担招标项目的相应能力；国家有关规定或者招标文件对投标人资格条件有规定的，联合体各方均应当具备规定的相应资格条件。由同一专业的单位组成的联合体，按照资质等级较低的单位确定资质等级。联合体各方应当签订共同投标协议，明确约定各方拟承担的工作和责任，并将共同投标协议连同投标文件一并提交招标人。联合体中标的，联合体各方应当共同与招标人签订合同，就中标项目向招标人承担连带责任。招标人不得强制投标人组成联合体共同投标，不得限制投标人之间的竞争。

第三十三条 投标人不得以低于成本的报价竞标，也不得以他人名义投标或者以其他方式弄虚作假，骗取中标

《招标投标法》

开标

第三十四条 开标应当在招标文件确定的提交投标文件截止时间的同一时间公开进行；开标地点应当为招标文件中预先确定的地点。

第三十五条 开标由招标人主持，邀请所有投标人参加。

第三十六条 开标时，由投标人或者其推选的代表检查投标文件的密封情况，也可以由招标人委托的公证机构检查并公证；经确认无误后，由工作人员当众拆封，宣读投标人名称、投标价格和投标文件的其他主要内容。招标人在招标文件要求提交投标文件的截止时间前收到的所有投标文件，开标时都应当当众予以拆封、宣读

评标

第三十七条 评标由招标人依法组建的评标委员会负责。依法必须进行招标的项目，其评标委员会由招标人的代表和有关技术、经济等方面的专家组成，成员人数为五人以上单数，其中技术、经济等方面的专家不得少于成员总数的三分之二。前款专家应当从事相关领域工作满八年并具有高级职称或者具有同等专业水平，由招标人从国务院有关部门或者省、自治区、直辖市人民政府有关部门提供的专家名册或者招标代理机构的专家库内的相关专业的专家名单中确定；一般招标项目可以采取随机抽取方式，特殊招标项目可以由招标人直接确定。与投标人有利害关系的人不得进入相关项目的评标委员会；已经进入的应当更换。评标委员会成员的名单在中标结果确定前应当保密。

第三十九条 评标委员会可以要求投标人对投标文件中含义不明确的内容作必要的澄清或者说明，但是澄清或者说明不得超出投标文件的范围或者改变投标文件的实质性内容

中标

第四十条 评标委员会应当按照招标文件确定的评标标准和方法，对投标文件进行评审和比较；设有标底的，应当参考标底。评标委员会完成评标后，应当向招标人提出书面评标报告，并推荐合格的中标候选人。招标人根据评标委员会提出的书面评标报告和推荐的中标候选人确定中标人。招标人也可以授权评标委员会直接确定中标人。

第四十三条 在确定中标人前，招标人不得与投标人就投标价格、投标方案等实质性内容进行谈判。

第四十五条 中标人确定后，招标人应当向中标人发出中标通知书，并同时将中标结果通知所有未中标的投标人。

第四十六条 招标人和中标人应当自中标通知书发出之日起三十日内，按照招标文件和中标人的投标文件订立书面合同。招标人和中标人不得再行订立背离合同实质性内容的其他协议。

第四十八条 中标人应当按照合同约定履行义务，完成中标项目。中标人不得向他人转让中标项目，也不得将中标项目肢解后分别向他人转让。中标人按照合同约定或者经招标人同意，可以将中标项目的部分非主体、非关键性工作分包给他人完成。接受分包的人应当具备相应的资格条件，并不得再次分包。中标人应当就分包项目向招标人负责，接受分包的人就分包项目承担连带责任

核心考点 2　《建筑法》节选（必考指数★★）

项目	内容
发包的规定	第二十四条　提倡对建筑工程实行总承包，禁止将建筑工程肢解发包。 建筑工程的发包单位可以将建筑工程的勘察、设计、施工、设备采购一并发包给一个工程总承包单位，也可以将建筑工程勘察、设计、施工、设备采购的一项或者多项发包给一个工程总承包单位；但是，不得将应当由一个承包单位完成的建筑工程肢解成若干部分发包给几个承包单位。 第二十五条　按照合同约定，建筑材料、建筑构配件和设备由工程承包单位采购的，发包单位不得指定承包单位购入用于工程的建筑材料、建筑构配件和设备或者指定生产厂、供应商
承包的规定	第二十七条　大型建筑工程或者结构复杂的建筑工程，可以由两个以上的承包单位联合共同承包。共同承包的各方对承包合同的履行承担连带责任。 两个以上不同资质等级的单位实行联合共同承包的，应当按照资质等级低的单位的业务许可范围承揽工程。 第二十八条　禁止承包单位将其承包的全部建筑工程转包给他人，禁止承包单位将其承包的全部建筑工程肢解以后以分包的名义分别转包给他人。 第二十九条　建筑工程总承包单位可以将承包工程中的部分工程发包给具有相应资质条件的分包单位；但是，除总承包合同中约定的分包外，必须经建设单位认可。施工总承包的，建筑工程主体结构的施工必须由总承包单位自行完成。 建筑工程总承包单位按照总承包合同的约定对建设单位负责；分包单位按照分包合同的约定对总承包单位负责。总承包单位和分包单位就分包工程对建设单位承担连带责任。 禁止总承包单位将工程分包给不具备相应资质条件的单位。禁止分包单位将其承包的工程再分包
建筑工程的保修范围的规定	第六十二条 建筑工程的保修范围应当包括地基基础工程、主体结构工程、屋面防水工程和其他土建工程，以及电气管线、上下水管线的安装工程，供热、供冷系统工程等项目；保修的期限应当按照保证建筑物合理寿命年限内正常使用，维护使用者合法权益的原则确定

第二节　相关行政法规、规范及示范文本

核心考点 1　《建设工程质量管理条例》节选（必考指数★）

第三十九条　建设工程实行质量保修制度。建设工程承包单位在向建设单位提交工程竣工验收报告时，应当向建设单位出具质量保修书。质量保修书中应当明确建设工程的保修范围、保修期限和保修责任等。 第四十条　在正常使用条件下，建设工程的最低保修期限为：**【考查过分析判断型、改错型、简答型的题目】** （一）基础设施工程、房屋建筑的地基基础工程和主体结构工程，为设计文件规定的该工程的合理使用年限； （二）屋面防水工程、有防水要求的卫生间、房间和外墙面的防渗漏，为5年； （三）供热与供冷系统，为2个采暖期、供冷期； （四）电气管线、给排水管道、设备安装和装修工程，为2年。 其他项目的保修期限由发包方与承包方约定。 建设工程的保修期，自竣工验收合格之日起计算。 第四十一条　建设工程在保修范围和保修期限内发生质量问题的，施工单位应当履行保修义务，并对造成的损失承担赔偿责任。

核心考点 2　《建设工程安全生产管理条例》节选（必考指数★★★）

项目	内容
安全责任划分**【考查过总包单位、分包单位安全责任判断】**	第二十四条　建设工程实行施工总承包的，由总承包单位对施工现场的安全生产负总责。 总承包单位应当自行完成建设工程主体结构的施工。 总承包单位依法将建设工程分包给其他单位的，分包合同中应当明确各自的安全生产方面的权利、义务。总承包单位和分包单位对分包工程的安全生产承担连带责任。 分包单位应当服从总承包单位的安全生产管理，分包单位不服从管理导致生产安全事故的，由分包单位承担主要责任

项目	内容
专项施工方案编制**【判断哪些工程应当编制专项施工方案】**	第二十六条　施工单位应当在施工组织设计中编制安全技术措施和施工现场临时用电方案，对下列达到一定规模的危险性较大的分部分项工程编制专项施工方案，并附具安全验算结果，经施工单位技术负责人、总监理工程师签字后实施，由专职安全生产管理人员进行现场监督：(1)基坑支护与降水工程；(2)土方开挖工程；(3)模板工程；(4)起重吊装工程；(5)脚手架工程；(6)拆除、爆破工程；(7)国务院建设行政主管部门或者其他有关部门规定的其他危险性较大的工程。 对前款所列工程中涉及深基坑、地下暗挖工程、高大模板工程的专项施工方案，施工单位还应当组织专家进行论证、审查。 本条第一款规定的达到一定规模的危险性较大工程的标准，由国务院建设行政主管部门会同国务院其他有关部门制定

重点提示：

该条例中建设单位的安全责任，勘察、设计、工程监理及其他有关单位的安全责任，施工单位的安全责任等内容在考试中属于经常考查的内容，但前述章节内容已将其进行了阐述，这里就不再进行具体讲解了。

核心考点 3　《生产安全事故报告和调查处理条例》节选（必考指数★★）

项目	内容
生产安全事故的等级划分**【一般考查事故等级的判断】**	第三条规定，根据生产安全事故(以下简称事故)造成的人员伤亡或者直接经济损失，事故一般分为以下等级： (1)特别重大事故，是指造成 30 人以上死亡，或者 100 人以上重伤(包括急性工业中毒，下同)，或者 1 亿元以上直接经济损失的事故； (2)重大事故，是指造成 10 人以上 30 人以下死亡，或者 50 人以上 100 人以下重伤，或者 5000 万元以上 1 亿元以下直接经济损失的事故； (3)较大事故，是指造成 3 人以上 10 人以下死亡，或者 10 人以上 50 人以下重伤，或者 1000 万元以上 5000 万元以下直接

项目	内容
生产安全事故的等级划分**【一般考查事故等级的判断】**	经济损失的事故； (4)一般事故，是指造成3人以下死亡，或者10人以下重伤，或者1000万元以下直接经济损失的事故。 国务院安全生产监督管理部门可以会同国务院有关部门，制定事故等级划分的补充性规定。 本条第一款所称的“以上”包括本数，所称的“以下”不包括本数
报告时限	第九条　事故发生后，事故现场有关人员应当立即向本单位负责人报告；单位负责人接到报告后，应当于1小时内向事故发生地县级以上人民政府安全生产监督管理部门和负有安全生产监督管理职责的有关部门报告。**【划线处考查过简答题】** 情况紧急时，事故现场有关人员可以直接向事故发生地县级以上人民政府安全生产监督管理 部门和负有安全生产监督管理职责的有关部门报告。 第十一条　安全生产监督管理部门和负有安全生产监督管理职责的有关部门逐级上报事故情况，每级上报的时间不得超过2小时

核心考点4　《危险性较大的分部分项工程安全管理规定》节选（必考指数★★★）

1. 危大工程范围

工程名称	危大工程	超过一定规模的危大工程
基坑工程	(1)开挖深度超过3m(含3m)的基坑(槽)的土方开挖、支护、降水工程。 (2)开挖深度虽未超过3m，但地质条件、周围环境和地下管线复杂，或影响毗邻建、构筑物安全的基坑(槽)的土方开挖、支护、降水工程	深基坑工程：开挖深度超过5m(含5m)的基坑(槽)的土方开挖、支护、降水工程

工程名称	危大工程	超过一定规模的危大工程
模板工程及支撑体系	(1)各类工具式模板工程：包括滑模、爬模、飞模、隧道模等工程。 (2)混凝土模板支撑工程：搭设高度5m及以上，或搭设跨度10m及以上，或施工总荷载(荷载效应基本组合的设计值，以下简称设计值)$10kN/m^2$及以上，或集中线荷载(设计值)15kN/m及以上，或高度大于支撑水平投影宽度且相对独立无联系构件的混凝土模板支撑工程。 (3)承重支撑体系：用于钢结构安装等满堂支撑体系	(1)各类工具式模板工程：包括滑模、爬模、飞模、隧道模等工程。 (2)混凝土模板支撑工程：搭设高度8m及以上，或搭设跨度18m及以上，或施工总荷载(设计值)$15kN/m^2$及以上，或集中线荷载(设计值)20kN/m及以上。 (3)承重支撑体系：用于钢结构安装等满堂支撑体系，承受单点集中荷载7kN及以上
起重吊装及起重机械安装拆卸工程	(1)采用非常规起重设备、方法，且单件起吊重量在10kN及以上的起重吊装工程。 (2)采用起重机械进行安装的工程。 (3)起重机械安装和拆卸工程	(1)采用非常规起重设备、方法，且单件起吊重量在100kN及以上的起重吊装工程。 (2)起重量300kN及以上，或搭设总高度200m及以上，或搭设基础标高在200m及以上的起重机械安装和拆卸工程
脚手架工程	(1)搭设高度24m及以上的落地式钢管脚手架工程(包括采光井、电梯井脚手架)。 (2)附着式升降脚手架工程。 (3)悬挑式脚手架工程。 (4)高处作业吊篮。 (5)卸料平台、操作平台工程。 (6)异型脚手架工程	(1)搭设高度50m及以上的落地式钢管脚手架工程。 (2)提升高度在150m及以上的附着式升降脚手架工程或附着式升降操作平台工程。 (3)分段架体搭设高度20m及以上的悬挑式脚手架工程

工程名称	危大工程	超过一定规模的危大工程
拆除工程	可能影响行人、交通、电力设施、通信设施或其他建、构筑物安全的拆除工程	(1)码头、桥梁、高架、烟囱、水塔或拆除中容易引起有毒有害气(液)体或粉尘扩散、易燃易爆事故发生的特殊建、构筑物的拆除工程。 (2)文物保护建筑、优秀历史建筑或历史文化风貌区影响范围内的拆除工程
暗挖工程	采用矿山法、盾构法、顶管法施工的隧道、洞室工程	
其他	(1)建筑幕墙安装工程。 (2)钢结构、网架和索膜结构安装工程。 (3)人工挖孔桩工程。 (4)水下作业工程。 (5)装配式建筑混凝土预制构件安装工程。 (6)采用新技术、新工艺、新材料、新设备可能影响工程施工安全,尚无国家、行业及地方技术标准的分部分项工程	(1)施工高度 50m 及以上的建筑幕墙安装工程。 (2)跨度 36m 及以上的钢结构安装工程,或跨度 60m 及以上的网架和索膜结构安装工程。 (3)开挖深度 16m 及以上的人工挖孔桩工程。 (4)水下作业工程。 (5)重量 1000kN 及以上的大型结构整体顶升、平移、转体等施工工艺。 (6)采用新技术、新工艺、新材料、新设备可能影响工程施工安全,尚无国家、行业及地方技术标准的分部分项工程

考核形式小结:

判断是否属于危大工程范围还是超过一定规模的危大工程范围，属于危大工程范围的需要编制专项施工方案，属于超过一定规模的危大工程范围的，要编制专项施工方案及进行专家论证。

2. 专项施工方案

项目	规定
编制	第十条　施工单位应当在危大工程施工前组织工程技术人员编制专项施工方案。实行施工总承包的，专项施工方案应当由施工总承包单位组织编制。危大工程实行分包的，专项施工方案可以由相关专业分包单位组织编制。 第十一条　专项施工方案应当由施工单位技术负责人审核签字、加盖单位公章，并由总监理工程师审查签字、加盖执业印章后方可实施。危大工程实行分包并由分包单位编制专项施工方案的，专项施工方案应当由总承包单位技术负责人及分包单位技术负责人共同审核签字并加盖单位公章**【此处考查过改错题】**
论证审查	第十二条　对于超过一定规模的危大工程，施工单位应当组织召开专家论证会对专项施工方案进行论证。实行施工总承包的，由施工总承包单位组织召开专家论证会。专家论证前专项施工方案应当通过施工单位审核和总监理工程师审查。**【此处考查过改错题】** 专家应当从地方人民政府住房城乡建设主管部门建立的专家库中选取，符合专业要求且人数不得少于5名。与本工程有利害关系的人员不得以专家身份参加专家论证会。**【此处考查过改错题】** 专项施工方案经论证需修改后通过的，施工单位应当根据论证报告修改完善后，重新履行审查的程序。专项施工方案经论证不通过的，施工单位修改后应当按规定重新组织专家论证**【此处考查过简答题】**

3. 监理单位现场安全管理工作

项目	规定
第十八条	监理单位应当结合危大工程专项施工方案编制监理实施细则，并对危大工程施工实施专项巡视检查
第十九条	监理单位发现施工单位未按照专项施工方案施工的，应当要求其进行整改；情节严重的，应当要求其暂停施工，并及时报告建设单位。施工单位拒不整改或者不停止施工的，监理单位应当及时报告建设单位和工程所在地住房城乡建设主管部门
第二十四条	监理单位应当将监理实施细则、专项施工方案审查、专项巡视检查、验收及整改等相关资料纳入档案管理

4. 危大工程的验收

《危险性较大的分部分项工程安全管理规定》第二十一条规定，对于按照规定需要验收的危大工程，施工单位、监理单位应当组织相关人员进行验收。验收合格的，经施工单位项目技术负责人及总监理工程师签字确认后，方可进入下一道工序。危大工程验收合格后，施工单位应当在施工现场明显位置设置验收标识牌，公示验收时间及责任人员。

核心考点5　《建设工程监理规范》（必考指数★★★）

《建设工程监理规范》属于监理案例分析考试中经常考核的内容，尤其是“项目监理机构及其设施”“监理规划及监理实施细则”“工程质量、造价、进度控制及安全生产管理的监理工作”“工程变更、索赔及施工合同争议处理”必须要掌握。另外给大家总结一下各种用表的签字盖章情况：

施工单位报审、报验用表的附件、盖章、签字对比

用表	附件	报审、报验		审查		审核		审批	
		盖章	签字	盖章	签字	盖章	签字	盖章	签字
施工组织设计报审表	施工组织设计	施工项目经理部	项目经理		专业监理工程师	项目监理机构	总监理工程师（印章）		
专项施工方案报审表	专项施工方案	施工项目经理部	项目经理		专业监理工程师	项目监理机构	总监理工程师（印章）		
危大工程专项施工方案报审表	专项施工方案	施工项目经理部	项目经理		专业监理工程师	项目监理机构	总监理工程师（印章）	建设单位	建设单位代表
施工方案报审表	施工方案	施工项目经理部	项目经理		专业监理工程师	项目监理机构	总监理工程师（印章）		

用表	附件	报审、报验		审查		审核		审批	
		盖章	签字	盖章	签字	盖章	签字	盖章	签字
工程开工报审表	证明文件资料	施工单位	项目经理	项目监理机构	总监理工程师（印章）			建设单位	建设单位代表
工程复工报审表	证明文件资料	施工项目经理部	项目经理	项目监理机构	总监理工程师			建设单位	建设单位代表
分包单位资格报审表	分包单位资质材料 分包单位业绩材料 分包单位专职管理人员和特种作业人员的资格证书 施工单位对分包单位的管理制度	施工项目经理部	项目经理		专业监理工程师	项目监理机构	总监理工程师		
施工控制测量成果报验表	施工控制测量依据材料 施工控制测量成果表	施工项目经理部	项目技术负责人	项目监理机构	专业监理工程师				

用表	附件	报审、报验		审查		审核		审批	
		盖章	签字	盖章	签字	盖章	签字	盖章	签字
工程材料、构配件、设备报审表	工程材料、构配件、设备清单 质量证明文件 自检结果	施工项目经理部	项目经理	项目监理机构	专业监理工程师				
工程款支付报审表	已完成工程量报表 工程竣工结算证明材料 相应支持性证明文件	施工项目经理部	项目经理		专业监理工程师	项目监理机构	总监理工程师（印章）	建设单位	建设单位代表
施工进度计划报审表	施工总进度计划 阶段性进度计划	施工项目经理部	项目经理		专业监理工程师	项目监理机构	总监理工程师		
费用索赔报审表	索赔金额计算证明材料	施工项目经理部	项目经理			项目监理机构	总监理工程师（印章）	建设单位	建设单位代表

用表	附件	报审、报验		审查		审核		审批	
		盖章	签字	盖章	签字	盖章	签字	盖章	签字
工程临时/最终延期报审表	工程延期依据及工期计算证明材料	施工项目经理部	项目经理			项目监理机构	总监理工程师(印章)	建设单位	建设单位代表

工程监理单位用表的附件、盖章、签字对比

用表	附件	盖章	签字
总监理工程师任命书		工程监理单位	法定代表人
工程开工令	工程开工报审表	项目监理机构	总监理工程师(签字、印章)
监理通知单		项目监理机构	总监理工程师 专业监理工程师
监理报告	监理通知单 工程暂停令	项目监理机构	总监理工程师
工程暂停令		项目监理机构	总监理工程师(签字、印章)
旁站记录			旁站监理人员
工程复工令	工程复工报审表	项目监理机构	总监理工程师(签字、印章)

通用表的填写、会签对比

用表	附件	填写		会签	
		盖章	签字	盖章	签字
工作联系单		发文单位	负责人		
工程变更单	变更内容 变更设计图 相关会议纪要	变更提出单位	负责人	施工单位	项目经理
				设计单位	设计负责人
				项目监理机构	总监理工程师
				建设单位	负责人
索赔意向通知书	索赔事件资料	提出单位	负责人		

核心考点 6 《招标投标法实施条例》节选（必考指数★★★）

1. 招标

项目	规定
第七条	按照国家有关规定需要履行项目审批、核准手续的依法必须进行招标的项目，其招标范围、招标方式、招标组织形式应当报项目审批、核准部门审批、核准。项目审批、核准部门应当及时将审批、核准确定的招标范围、招标方式、招标组织形式通报有关行政监督部门
第十六条	招标人应当按照资格预审公告、招标公告或者投标邀请书规定的时间、地点发售资格预审文件或者招标文件。资格预审文件或者招标文件的发售期不得少于5日。招标人发售资格预审文件、招标文件收取的费用应当限于补偿印刷、邮寄的成本支出，不得以营利为目的
第十七条	招标人应当合理确定提交资格预审申请文件的时间。依法必须进行招标的项目提交资格预审申请文件的时间，自资格预审文件停止发售之日起不得少于5日
第十九条	资格预审结束后，招标人应当及时向资格预审申请人发出资格预审结果通知书。未通过资格预审的申请人不具有投标资格。通过资格预审的申请人少于3个的，应当重新招标
第二十一条	招标人可以对已发出的资格预审文件或者招标文件进行必要的澄清或者修改。澄清或者修改的内容可能影响资格预审申请文件或者投标文件编制的，招标人应当在提交资格预审申请文件截止时间至少3日前，或者投标截止时间至少15日前，以书面形式通知所有获取资格预审文件或者招标文件的潜在投标人；不足3日或者15日的，招标人应当顺延提交资格预审申请文件或者投标文件的截止时间
第二十二条	潜在投标人或者其他利害关系人对资格预审文件有异议的，应当在提交资格预审申请文件截止时间2日前提出；对招标文件有异议的，应当在投标截止时间10日前提出。招标人应当自收到异议之日起3日内作出答复；作出答复前，应当暂停招标投标活动
第二十五条	招标人应当在招标文件中载明投标有效期。投标有效期从提交投标文件的截止之日起算

项目	规定
第二十六条	招标人在招标文件中要求投标人提交投标保证金的，投标保证金不得超过招标项目估算价的2%。投标保证金有效期应当与投标有效期一致。依法必须进行招标的项目的境内投标单位，以现金或者支票形式提交的投标保证金应当从其基本账户转出
第二十七条	招标人可以自行决定是否编制标底。一个招标项目只能有一个标底。标底必须保密。接受委托编制标底的中介机构不得参加受托编制标底项目的投标，也不得为该项目的投标人编制投标文件或者提供咨询。招标人设有最高投标限价的，应当在招标文件中明确最高投标限价或者最高投标限价的计算方法。招标人不得规定最低投标限价
第二十八条	招标人不得组织单个或者部分潜在投标人踏勘项目现场
第三十条	对技术复杂或者无法精确拟定技术规格的项目，招标人可以分两阶段进行招标。 第一阶段，投标人按照招标公告或者投标邀请书的要求提交不带报价的技术建议，招标人根据投标人提交的技术建议确定技术标准和要求，编制招标文件。 第二阶段，招标人向在第一阶段提交技术建议的投标人提供招标文件，投标人按照招标文件的要求提交包括最终技术方案和投标报价的投标文件。招标人要求投标人提交投标保证金的，应当在第二阶段提出
第三十二条	招标人不得以不合理的条件限制、排斥潜在投标人或者投标人。招标人有下列行为之一的，属于以不合理条件限制、排斥潜在投标人或者投标人：(1)就同一招标项目向潜在投标人或者投标人提供有差别的项目信息；(2)设定的资格、技术、商务条件与招标项目的具体特点和实际需要不相适应或者与合同履行无关；(3)依法必须进行招标的项目以特定行政区域或者特定行业的业绩、奖项作为加分条件或者中标条件；(4)对潜在投标人或者投标人采取不同的资格审查或者评标标准；(5)限定或者指定特定的专利、商标、品牌、原产地或者供应商；(6)依法必须进行招标的项目非法限定潜在投标人或者投标人的所有制形式或者组织形式；(7)以其他不合理条件限制、排斥潜在投标人或者投标人

考核形式小结：
一般考查分析判断改错题、简答题。

2. 投标

项目	规定
第三十五条	投标人撤回已提交的投标文件,应当在投标截止时间前书面通知招标人。招标人已收取投标保证金的,应当自收到投标人书面撤回通知之日起5日内退还。投标截止后投标人撤销投标文件的,招标人可以不退还投标保证金
第三十六条	未通过资格预审的申请人提交的投标文件,以及逾期送达或者不按照招标文件要求密封的投标文件,招标人应当拒收
第三十七条	招标人应当在资格预审公告、招标公告或者投标邀请书中载明是否接受联合体投标。招标人接受联合体投标并进行资格预审的,联合体应当在提交资格预审申请文件前组成。资格预审后联合体增减、更换成员的,其投标无效。联合体各方在同一招标项目中以自己名义单独投标或者参加其他联合体投标的,相关投标均无效
第三十九条	禁止投标人相互串通投标。有下列情形之一的,属于投标人相互串通投标:(1)投标人之间协商投标报价等投标文件的实质性内容;(2)投标人之间约定中标人;(3)投标人之间约定部分投标人放弃投标或者中标;(4)属于同一集团、协会、商会等组织成员的投标人按照该组织要求协同投标;(5)投标人之间为谋取中标或者排斥特定投标人而采取的其他联合行动
第四十条	有下列情形之一的,视为投标人相互串通投标:(1)不同投标人的投标文件由同一单位或者个人编制;(2)不同投标人委托同一单位或者个人办理投标事宜;(3)不同投标人的投标文件载明的项目管理成员为同一人;(4)不同投标人的投标文件异常一致或者投标报价呈规律性差异;(5)不同投标人的投标文件相互混装;(6)不同投标人的投标保证金从同一单位或者个人的账户转出

项目	规定
第四十一条	禁止招标人与投标人串通投标。有下列情形之一的，属于招标人与投标人串通投标：(1)招标人在开标前开启投标文件并将有关信息泄露给其他投标人；(2)招标人直接或者间接向投标人泄露标底、评标委员会成员等信息；(3)招标人明示或者暗示投标人压低或者抬高投标报价；(4)招标人授意投标人撤换、修改投标文件；(5)招标人明示或者暗示投标人为特定投标人中标提供方便；(6)招标人与投标人为谋求特定投标人中标而采取的其他串通行为

重点提示：

1. 要注意投标规定中的第三十九条、第四十条、第四十一条规定的情形，不要混淆记忆。

2. 该知识点一般考查分析判断改错题、简答题。

3. 开标、评标和中标

开标	
第三十五条	投标人撤回已提交的投标文件，应当在投标截止时间前书面通知招标人。招标人已收取投标保证金的，应当自收到投标人书面撤回通知之日起 5 日内退还。投标截止后投标人撤销投标文件的，招标人可以不退还投标保证金
评标	
第四十九条	评标委员会成员应当依照招标投标法和本条例的规定，按照招标文件规定的评标标准和方法，客观、公正地对投标文件提出评审意见。招标文件没有规定的评标标准和方法不得作为评标的依据
第五十一条 **【一般考查分析判断改错题】**	有下列情形之一的，评标委员会应当否决其投标：(1)投标文件未经投标单位盖章和单位负责人签字；(2)投标联合体没有提交共同投标协议；(3)投标人不符合国家或者招标文件规定的资格条件；(4)同一投标人提交两个以上不同的投标文件或者投标报价，但招标文件要求提交备选投标的除外；(5)投标报价低于成本或者高于招标文件设定的最高投标限价；(6)投标文件没有对招标文件的实质性要求和条件作出响应；(7)投标人有串通投标、弄虚作假、行贿等违法行为

评标	
第五十二条 **【考查过分析判断改错题】**	投标文件中有含义不明确的内容、明显文字或者计算错误，评标委员会认为需要投标人作出必要澄清、说明的，应当书面通知该投标人。投标人的澄清、说明应当采用书面形式，并不得超出投标文件的范围或者改变投标文件的实质性内容。评标委员会不得暗示或者诱导投标人作出澄清、说明，不得接受投标人主动提出的澄清、说明
定标	
第五十四条 **【考查过时间规定，要注意掌握】**	依法必须进行招标的项目，招标人应当自收到评标报告之日起 3 日内公示中标候选人，公示期不得少于 3 日。投标人或者其他利害关系人对依法必须进行招标的项目的评标结果有异议的，应当在中标候选人公示期间提出。招标人应当自收到异议之日起 3 日内作出答复；作出答复前，应当暂停招标投标活动
第五十五条	国有资金占控股或者主导地位的依法必须进行招标的项目，招标人应当确定排名第一的中标候选人为中标人。排名第一的中标候选人放弃中标、因不可抗力不能履行合同、不按照招标文件要求提交履约保证金，或者被查实存在影响中标结果的违法行为等情形，不符合中标条件的，招标人可以按照评标委员会提出的中标候选人名单排序依次确定其他中标候选人为中标人，也可以重新招标
第五十七条	招标人和中标人应当依照招标投标法和本条例的规定签订书面合同，合同的标的、价款、质量、履行期限等主要条款应当与招标文件和中标人的投标文件的内容一致。招标人和中标人不得再行订立背离合同实质性内容的其他协议。招标人最迟应当在书面合同签订后 5 日内向中标人和未中标的投标人退还投标保证金及银行同期存款利息
第五十八条	招标文件要求中标人提交履约保证金的，中标人应当按照招标文件的要求提交。履约保证金不得超过中标合同金额的 10%

定标	
第五十九条	中标人应当按照合同约定履行义务，完成中标项目。中标人不得向他人转让中标项目，也不得将中标项目肢解后分别向他人转让。中标人按照合同约定或者经招标人同意，可以将中标项目的部分非主体、非关键性工作分包给他人完成。接受分包的人应当具备相应的资格条件，并不得再次分包。中标人应当就分包项目向招标人负责，接受分包的人就分包项目承担连带责任

重点提示：

重要采分点在于上述知识点，但是在考试时是越趋于考查细节性的规定，因此考生需将《招标投标法实施条例》整体熟悉一遍的。

核心考点7 《建设工程监理合同（示范文本）》节选（必考指数★★）

通用条件	
定义(1.1)	1.1.6“相关服务”是指监理人受委托人的委托，按照本合同约定，在勘察、设计、保修等阶段提供的服务活动。 1.1.7“正常工作”指本合同订立时通用条件和专用条件中约定的监理人的工作。 1.1.8“附加工作”是指本合同约定的正常工作以外监理人的工作。 1.1.9“项目监理机构”是指监理人派驻工程负责履行本合同的组织机构。 1.1.10“总监理工程师”是指由监理人的法定代表人书面授权，全面负责履行本合同、主持项目监理机构工作的注册监理工程师。 1.1.11“酬金”是指监理人履行本合同义务，委托人按照本合同约定给付监理人的金额。 1.1.12“正常工作酬金”是指监理人完成正常工作，委托人应给付监理人并在协议书中载明的签约酬金额。 1.1.13“附加工作酬金”是指监理人完成附加工作，委托人应给付监理人的金额。

	通用条件
解释(1.2)	1.2.2　组成本合同的下列文件彼此应能相互解释、互为说明。除专用条件另有约定外,本合同文件的解释顺序如下:(1)协议书;(2)中标通知书(适用于招标工程)或委托书(适用于非招标工程);(3)专用条件及附录A、附录B;(4)通用条件;(5)投标文件(适用于招标工程)或监理与相关服务协议书(适用于非招标工程)。双方签订的补充协议与其他文件发生矛盾或歧义时,属于同一类内容的文件,应以最新签署的为准
项目监理机构和人员(2.3)	2.3.3　监理人可根据工程进展和工作需要调整项目监理机构人员。监理人更换总监理工程师时,应提前7天向委托人书面报告,经委托人同意后方可更换;监理人更换项目监理机构其他监理人员,应以相当资格与能力的人员替换,并通知委托人
变更(6.2)**【重点考查的地方】**	6.2.2　除不可抗力外,因非监理人原因导致监理人履行合同期限延长、内容增加时,监理人应当将此情况与可能产生的影响及时通知委托人。增加的监理工作时间、工作内容应视为附加工作。附加工作酬金的确定方法在专用条件中约定。 6.2.3　合同生效后,如果实际情况发生变化使得监理人不能完成全部或部分工作时,监理人应立即通知委托人。除不可抗力外,其善后工作以及恢复服务的准备工作应为附加工作,附加工作酬金的确定方法在专用条件中约定。监理人用于恢复服务的准备时间不应超过28天。 6.2.5　因非监理人原因造成工程概算投资额或建筑安装工程费增加时,正常工作酬金应作相应调整。调整方法在专用条件中约定。 6.2.6　因工程规模、监理范围的变化导致监理人的正常工作量减少时,正常工作酬金应作相应调整。调整方法在专用条件中约定

核心考点 8 《建设工程施工合同（示范文本）》节选——通用条款（必考指数★★★）

1. 一般约定	
1.9 化石、文物	在施工现场发掘的所有文物、古迹以及具有地质研究或考古价值的其他遗迹、化石、钱币或物品属于国家所有。一旦发现上述文物，承包人应采取合理有效的保护措施，防止任何人员移动或损坏上述物品，并立即报告有关政府行政管理部门，同时通知监理人。 发包人、监理人和承包人应按有关政府行政管理部门要求采取妥善的保护措施，由此增加的费用和（或）延误的工期由发包人承担
1.10 交通运输	1.10.1 出入现场的权利 除专用合同条款另有约定外，发包人应根据施工需要，负责取得出入施工现场所需的批准手续和全部权利，以及取得因施工所需修建道路、桥梁以及其他基础设施的权利，并承担相关手续费用和建设费用。承包人应协助发包人办理修建场内外道路、桥梁以及其他基础设施的手续。 承包人应在订立合同前查勘施工现场，并根据工程规模及技术参数合理预见工程施工所需的进出施工现场的方式、手段、路径等。因承包人未合理预见所增加的费用和（或）延误的工期由承包人承担。 1.10.2 场外交通 发包人应提供场外交通设施的技术参数和具体条件，承包人应遵守有关交通法规，严格按照道路和桥梁的限制荷载行驶，执行有关道路限速、限行、禁止超载的规定，并配合交通管理部门的监督和检查。场外交通设施无法满足工程施工需要的，由发包人负责完善并承担相关费用
2. 发包人	
2.1 许可或批准	发包人应遵守法律，并办理法律规定由其办理的许可、批准或备案，包括但不限于建设用地规划许可证、建设工程规划许可证、建设工程施工许可证、施工所需临时用水、临时用电、中断道路交通、临时占用土地等许可和批准。发包人应协助承包人办理法律规定的有关施工证件和批件。 因发包人原因未能及时办理完毕前述许可、批准或备案，由发包人承担由此增加的费用和（或）延误的工期，并支付承包人合理的利润

2. 发包人	
2.4 施工现场、施工条件和基础资料的提供	2.4.1 提供施工现场 除专用合同条款另有约定外，发包人应最迟于开工日期7天前向承包人移交施工现场。 2.4.3 提供基础资料 发包人应当在移交施工现场前向承包人提供施工现场及工程施工所必需的毗邻区域内供水、排水、供电、供气、供热、通信、广播电视等地下管线资料，气象和水文观测资料，地质勘察资料，相邻建筑物、构筑物和地下工程等有关基础资料，并对所提供资料的真实性、准确性和完整性负责
3. 承包人	
3.5 分包 **【注意三个不得】**	承包人不得将其承包的全部工程转包给第三人，或将其承包的全部工程肢解后以分包的名义转包给第三人。 承包人不得将工程主体结构、关键性工作及专用合同条款中禁止分包的专业工程分包给第三人，主体结构、关键性工作的范围由合同当事人按照法律规定在专用合同条款中予以明确。 承包人不得以劳务分包的名义转包或违法分包工程
5. 工程质量	
5.2 质量保证措施**【考查过分析判断题】**	5.2.2 承包人的质量管理 承包人按照施工组织设计约定向发包人和监理人提交工程质量保证体系及措施文件，建立完善的质量检查制度，并提交相应的工程质量文件。 5.2.3 监理人的质量检查和检验 监理人的检查和检验不应影响施工正常进行。监理人的检查和检验影响施工正常进行的，且经检查检验不合格的，影响正常施工的费用由承包人承担，工期不予顺延；经检查检验合格的，由此增加的费用和(或)延误的工期由发包人承担

<table>
<tr><th colspan="3">5. 工程质量</th></tr>
<tr><td rowspan="4">5.3 隐蔽工程检查</td><td>5.3.1 承包人自检</td><td>承包人应当对工程隐蔽部位进行自检，并经自检确认是否具备覆盖条件</td></tr>
<tr><td>5.3.2 检查程序</td><td>除专用合同条款另有约定外，工程隐蔽部位经承包人自检确认具备覆盖条件的，承包人应在共同检查前48小时书面通知监理人检查，通知中应载明隐蔽检查的内容、时间和地点，并应附有自检记录和必要的检查资料。
监理人应按时到场并对隐蔽工程及其施工工艺、材料和工程设备进行检查。经监理人检查确认质量符合隐蔽要求，并在验收记录上签字后，承包人才能进行覆盖。经监理人检查质量不合格的，承包人应在监理人指示的时间内完成修复，并由监理人重新检查，由此增加的费用和(或)延误的工期由承包人承担。
除专用合同条款另有约定外，监理人不能按时进行检查的，应在检查前24小时向承包人提交书面延期要求，但延期不能超过48小时，由此导致工期延误的，工期应予以顺延。监理人未按时进行检查，也未提出延期要求的，视为隐蔽工程检查合格，承包人可自行完成覆盖工作，并作相应记录报送监理人，监理人应签字确认。监理人事后对检查记录有疑问的，可按第5.3.3项〔重新检查〕的约定重新检查</td></tr>
<tr><td>5.3.3 重新检查【重要出题点】</td><td>承包人覆盖工程隐蔽部位后，发包人或监理人对质量有疑问的，可要求承包人对已覆盖的部位进行钻孔探测或揭开重新检查，承包人应遵照执行，并在检查后重新覆盖恢复原状。
经检查证明工程质量符合合同要求的，由发包人承担由此增加的费用和(或)延误的工期，并支付承包人合理的利润；经检查证明工程质量不符合合同要求的，由此增加的费用和(或)延误的工期由承包人承担</td></tr>
<tr><td>5.3.4 承包人私自覆盖</td><td>承包人未通知监理人到场检查，私自将工程隐蔽部位覆盖的，监理人有权指示承包人钻孔探测或揭开检查，无论工程隐蔽部位质量是否合格，由此增加的费用和(或)延误的工期均由承包人承担</td></tr>
</table>

7. 工期和进度	7.6 不利物质条件	不利物质条件是指有经验的承包人在施工现场遇到的不可预见的自然物质条件、非自然的物质障碍和污染物,包括地表以下物质条件和水文条件以及专用合同条款约定的其他情形,但不包括气候条件。 承包人遇到不利物质条件时,应采取克服不利物质条件的合理措施继续施工,并及时通知发包人和监理人。 承包人因采取合理措施而增加的费用和(或)延误的工期由发包人承担
	7.7 异常恶劣的气候条件	承包人应采取克服异常恶劣的气候条件的合理措施继续施工,并及时通知发包人和监理人。 承包人因采取合理措施而增加的费用和(或)延误的工期由发包人承担
8. 材料与设备	8.3 材料与工程设备的接收与拒收	8.3.1 发包人应按《发包人供应材料设备一览表》约定的内容提供材料和工程设备,并向承包人提供产品合格证明及出厂证明,对其质量负责。发包人应提前24小时以书面形式通知承包人、监理人材料和工程设备到货时间,承包人负责材料和工程设备的清点、检验和接收。 8.3.2 承包人采购的材料和工程设备,应保证产品质量合格,承包人应在材料和工程设备到货前24小时通知监理人检验。 承包人采购的材料和工程设备不符合设计或有关标准要求时,承包人应在监理人要求的合理期限内将不符合设计或有关标准要求的材料、工程设备运出施工现场,并重新采购符合要求的材料、工程设备,由此增加的费用和(或)延误的工期,由承包人承担**【此处考查过分析判断题】**

8. 材料与设备	8.4 材料与工程设备的保管与使用	8.4.1 发包人供应材料与工程设备的保管与使用 发包人供应的材料和工程设备，承包人清点后由承包人妥善保管，保管费用由发包人承担，但已标价工程量清单或预算书已经列支或专用合同条款另有约定除外。因承包人原因发生丢失毁损的，由承包人负责赔偿；监理人未通知承包人清点的，承包人不负责材料和工程设备的保管，由此导致丢失毁损的由发包人负责。发包人供应的材料和工程设备使用前，由承包人负责检验，检验费用由发包人承担，不合格的不得使用。 8.4.2 承包人采购材料与工程设备的保管与使用 承包人采购的材料和工程设备由承包人妥善保管，保管费用由承包人承担。法律规定材料和工程设备使用前必须进行检验或试验的，承包人应按监理人的要求进行检验或试验，检验或试验费用由承包人承担，不合格的不得使用
13. 验收和工程试车	13.1 分部分项工程验收	13.1.2 除专用合同条款另有约定外，分部分项工程经承包人自检合格并具备验收条件的，承包人应提前48小时通知监理人进行验收。监理人不能按时进行验收的，应在验收前24小时向承包人提交书面延期要求，但延期不能超过48小时。监理人未按时进行验收，也未提出延期要求的，承包人有权自行验收，监理人应认可验收结果。分部分项工程未经验收的，不得进入下一道工序施工。分部分项工程的验收资料应当作为竣工资料的组成部分

13. 验收和工程试车	13.3 工程试车	13.3.1 试车程序 (1)具备单机无负荷试车条件,承包人组织试车,并在试车前48小时书面通知监理人,通知中应载明试车内容、时间、地点。 监理人不能按时参加试车,应在试车前24小时以书面形式向承包人提出延期要求,但延期不能超过48小时,由此导致工期延误的,工期应予以顺延。监理人未能在前述期限内提出延期要求,又不参加试车的,视为认可试车记录。 (2)具备无负荷联动试车条件,发包人组织试车,并在试车前48小时以书面形式通知承包人。通知中应载明试车内容、时间、地点和对承包人的要求,承包人按要求做好准备工作。试车合格,合同当事人在试车记录上签字。承包人无正当理由不参加试车的,视为认可试车记录。 13.3.2 试车中的责任 因设计原因导致试车达不到验收要求,发包人应要求设计人修改设计,承包人按修改后的设计重新安装。发包人承担修改设计、拆除及重新安装的全部费用,工期相应顺延。 因承包人原因导致试车达不到验收要求,承包人按监理人要求重新安装和试车,并承担重新安装和试车的费用,工期不予顺延。 因工程设备制造原因导致试车达不到验收要求的,由采购该工程设备的合同当事人负责重新购置或修理,承包人负责拆除和重新安装,由此增加的修理、重新购置、拆除其重新安装的费用及延误的工期由采购该工程设备的合同当事人承担。 13.3.3 投料试车 如需进行投料试车的,发包人应在工程竣工验收后组织投料试车。发包人要求在工程竣工验收前进行或需要承包人配合时,应征得承包人同意,并在专用合同条款中约定有关事项。投料试车合格的,费用由发包人承担;因承包人原因造成投料试车不合格的,承包人应按照发包人要求进行整改,由此产生的整改费用由单包人承担;非因承包人原因导致投料试车不合格的,如发包人要求承包人进行整改的,由此产生的费用由发包人承担